·信息化与政府管理创新丛书·

总 主 编／杜　平

执行主编／于施洋

政府网站分析与优化

——大数据创造公共价值

于施洋　王建冬 著

社会科学文献出版社
SOCIAL SCIENCES ACADEMIC PRESS (CHINA)

总主编简介

杜平，研究员，国家信息中心常务副主任兼国家电子政务外网管理中心常务副主任。兼任中国信息协会副会长、中国信息协会电子政务专业委员会会长，以及中国可持续发展研究会常务理事、中国地理学会理事、中国区域经济学会常务理事。主要负责和参与有关区域经济发展、国土开发、生态与环境保护、可持续发展、西部大开发等领域的国家规划制定、国家战略研究和相关政策制定以及国家发改委干部教育培训和引进国外智力等方面的管理工作。先后主持过“中国环境与计划综合决策机制研究综合报告”、“‘十五’期间我国地区经济协调发展战略研究”、“跨世纪我国可持续发展战略研究”等国家部委级课题数十项。主编《中国电子政务十年（2002～2012）》、《西部大开发战略决策若干问题》等多部学术性著作。

执行主编简介

于施洋，博士，副研究员，国家信息中心信息化研究部副主任，兼中国信息协会电子政务专业委员会常务副会长、国家信息中心网络政府研究中心副主任、国家行政学院电子政务专家委员会副秘书长。主要从事大数据与政府管理创新、信息化发展战略研究。担任中国人民大学特聘教授，主讲“互联网数据分析”。主持国家和省部级课题30余项，参与多项国家级电子政务相关规划和政策出台的研究工作。出版专著《电子政务绩效管理》、《电子政务顶层设计：信息化条件下的政府业务规划》，担任《中国电子政务发展报告》（2004～2012各年度）副主编、《中国电子政务十年（2002～2012年）》副主编、信息化与政府管理创新丛书执行主编。

信息化与政府管理创新丛书
总　　序

信息化是当今世界发展的大趋势，是推动经济社会变革的重要力量。进入21世纪以来，全球信息化进程明显加速，信息化已进入与经济社会各领域广泛渗透、深入融合的发展阶段。特别是2008年金融危机之后，为寻求新的经济增长点，缓解能源与生态压力，提高人类生活水平，各主要经济体都把解决问题的思路集中到信息化领域，云计算、物联网、移动互联网、大数据、智慧城市等新的技术变革与应用浪潮风起云涌，其对经济和社会发展的影响正在不断凸显。我们也必须加快步伐，紧随时代潮流，大力推进信息化与经济社会各领域的深度融合，充分利用信息技术提升我们的治国理政能力。

加快政府信息化建设、大力推行电子政务是党中央、国务院根据世界科技发展趋势和我国发展需要做出的重大战略决策。2002年，中央办公厅和国务院办公厅联合转发了《国家信息化领导小组关于我国电子政务建设指导意见》（中办发〔2002〕17号），决定把电子政务建设作为信息化工作的重点，通过“政府先行”带动国民经济和社会发展信息化，掀开了我国全面、快速发展电子政务的帷幕。实践证明，党中央、国务院的战略决策是高瞻远瞩的。十年来，在党中央、国务院的正确领导下，在各部门和地方的共同努力下，我国电子政务建设稳步推进，网络基础设施、业务应用系统、政务信息资源、政府网站、信息安全保障、法规制度标准、管理体制与人才队伍等领域都取得了较大进展，有效提升了政府的经济调节、市场监管、社会管理和公共服务能力，成为提升党的执政能力、深化行政体制改革和建设服务型政府不可或缺的有效手段。

当前和今后一段时期，是我国全面建成小康社会的关键时期，是深化改革开放、加快转变经济发展方式的攻坚时期，也是我国政府信息化深入发展的重要阶段。《国民经济和社会发展第十二个五年规划纲要》明确提出了全面提高信息化水平的要求。党的十八大报告首次将“信息化水平大幅提升”明确为我国全面建成小康社会的目标之一，作出了“坚持走中国特色新型工业化、信息化、城镇化、农业现代化道路，促进工业化、信息化、城镇化、农业现代化同步发展”的重要部署，这充分说明，在我国进入全面建成小康社会的决定性阶段，党中央对信息化高度重视。我们有理由相信，作为国家信息化工作重要组成部分的电子政务也将迎来新的发展契机。

当前，随着经济发展方式转变和政府行政体制改革的不断深化，社会管理方式创新、网络条件下的公民参与和监督对政府管理提出了新的更高要求。面对新时期的新任务，党政机关各部门对利用信息化手段转变政府职能，提升政府服务和管理效能，推动社会管理和公共服务创新的需求更为迫切。为促进信息化与政府管理创新的深度融合，传播和共享政府信息化建设的最新理念、模式与方法，由国家信息中心常务副主任杜平同志牵头，组织国家信息中心网络政府研究中心、中国信息协会电子政务专委会研究人员计划在未来几年内，以“信息化与政府管理创新”为主题，围绕电子政务战略规划、电子政务顶层设计、电子政务绩效管理、政府网站建设、互联网治理、政府信息技术应用等领域，出版系列著作。从书的作者们长期耕耘于信息化和公共管理理论研究和实践工作的第一线，对信息化和政府管理有较为深入的理解和研究，丛书是他们辛勤劳动的结晶。相信丛书的出版，对于深化各地各部门信息化应用、推进政府管理和服务创新，具有很好的参考价值。

汪玉凯

2013 年 9 月

目录

第一章　时代发展提出的新要求 …………………………………………… 1

一　大数据时代互联网治理的新机遇 ………………………………… 3

二　重构政府网上服务供求均衡关系 ………………………………… 6

三　提升政府网站服务资源配置效率 ……………………………… 10

四　以数据支撑网站改版与科学决策 ……………………………… 11

第二章　总体思路与框架体系 ………………………………………… 14

一　服务对象 ………………………………………………………… 14

二　总体思路 ………………………………………………………… 19

三　基础指标 ………………………………………………………… 23

四　基本维度 ………………………………………………………… 27

五　框架体系 ………………………………………………………… 33

第三章　分析的技术手段 ……………………………………………… 36

一　数据采集的基本方式 …………………………………………… 36

二　技术手段的比较分析 …………………………………………… 40

三　发达国家经验及启示 …………………………………………… 44

四　本书的主要数据来源 …………………………………………… 48

第四章　用户需求分析 …………………………………………… 50
一　用户需求的表达方式 ………………………………………… 51
二　用户需求的主题分析 ………………………………………… 53
三　用户需求的主题聚类 ………………………………………… 61
四　用户需求的时空演化 ………………………………………… 64

第五章　用户点击行为分析 ………………………………………… 72
一　页面点击行为分析的基本工具——热力图 ………………… 73
二　首页用户点击的空间分布 …………………………………… 74
三　首页基本服务模块的点击分布 ……………………………… 80
四　页面元素的用户点击行为 …………………………………… 81
五　特殊用户群体的页面点击行为 ……………………………… 87

第六章　页面间跳转行为分析 ……………………………………… 94
一　用户页面跳转行为的基本概念 ……………………………… 94
二　用户页面跳转行为的关联规则 ……………………………… 97
三　首页着陆用户的页面跳转行为 ……………………………… 101
四　具体内容页着陆用户的页面跳转行为 ……………………… 104
五　办事服务环节的跳转行为分析 ……………………………… 108

第七章　网站栏目分析与优化 ……………………………………… 114
一　政府网站栏目分析的基本理论 ……………………………… 115
二　政府网站栏目服务绩效分析 ………………………………… 122
三　栏目用户需求满足度分析 …………………………………… 127
四　栏目内容热点响应度分析 …………………………………… 134

第八章　网站栏目体系分析与优化 ………………………………… 137
一　栏目体系分析的基本理论 …………………………………… 137

二　栏目体系的层级优化…………………………………………… 145
三　栏目需求相似度分析…………………………………………… 151

第九章　互联网影响力分析与优化………………………………… 156
一　互联网影响力评价体系………………………………………… 157
二　我国政府网站互联网影响力现状……………………………… 166
三　国外政府网站提升互联网影响力的典型做法………………… 179
四　政府网站互联网影响力提升的技术手段……………………… 187

第十章　政府网站改版“五步规划法” ………………………………… 201
一　“五步规划法”概述…………………………………………… 201
二　第一步：服务供给分析………………………………………… 203
三　第二步：用户需求分析………………………………………… 204
四　第三步：栏目体系梳理………………………………………… 206
五　第四步：界面视觉设计………………………………………… 209
六　第五步：技术功能设计………………………………………… 211
七　案例解析：中国政府网改版规划与设计……………………… 212

后　记…………………………………………………………………… 220

政府网站数据分析常用术语指标…………………………………… 223

CONTENTS

1 New Requirements Proposed by Development of the Times / 1

1.1 New Opportunities of Internet Governance for Big Data Era / 3

1.2 Reconstructing Government Online Services Supply and Demand Balance / 6

1.3 Improving Resource Allocation Efficiency of Government Website / 10

1.4 Using Data to Support Scientific Decision-making of Website Revision / 11

2 General Idea and Framework / 14

2.1 Service Object / 14

2.2 General Idea / 19

2.3 Basic Indicators / 23

2.4 Basic Dimensions / 27

2.5 Framework / 33

3 Analysis Techniques / 36

3.1 Basic Method of Data Collection / 36

3.2 Comparative Analysis of Technical Means / 40

3.3 Inspiration of Developed Countries' Experience / 44

3.4 The Main Data Source of this Book / 48

4 User Requirements Analysis / 50

4.1 Expression of User Requirements / 51

4.2 Thematic Analysis of User Requirements / 53

4.3 Theme Clustering of User Requirements / 61

4.4 Temporal and Spatial Evolution of User Requirements / 64

5 User Clicking Behavior Analysis / 72

5.1 Basic Tools of Page-clicking Behavior Analysis: Heat Map / 73

5.2 Spatial Distribution of Homepage Users' Clicks / 74

5.3 Click Distribution of Homepage Basic Service Module / 80

5.4 Page Elements' User Click Behavior / 81

5.5 Special User Groups' Page Click Behavior / 87

6 Analysis of Jump Behavior across Pages / 94

6.1 Basic Concepts of Jump Behavior across Pages / 94

6.2 Association Rules of Jump Behavior across Pages / 97

6.3 Jump Behavior across Pages of Homepage Landing Users / 101

6.4 Jump Behavior across Pages of Content Pages Landing Users / 104

6.5 Jump Behavior Analysis of Service Sectors / 108

7 Website Columns Analysis and Optimization / 114

7.1 The Basic Theory of Government Websites Columns Analysis / 115

7.2 Service Performance Analysis of Government Websites Columns / 122

7.3 Users Demand Satisfaction Analysis of Government Websites Columns / 127

7.4 Hot Spot Responsivity Analysis of Government Websites Columns / 134

8 Website Columns System Analysis and Optimization / 137

8.1 The Basic Theory of Government Websites Columns System Analysis / 137

8.2 Government Websites Columns System Level Optimization / 145

8.3 Columns Requirements Similarity Analysis / 151

9 Internet Influence Analysis and Optimization / 156

9.1 Evaluation Index System / 157

9.2 Status quo of China Government Website Internet Influence / 166

9.3 Typical Practices Abroad / 179

9.4 Technical Means of Enhancing Internet Influence / 187

10 Government Website Revision "Five-step Planning Law" / 201

10.1 Overview / 201

10. 2 Step1: Service Supply Analysis / 203

10. 3 Step2: User Needs Analysis / 204

10. 4 Step3: Column System Combing / 206

10. 5 Step4: Interface Visual Design / 209

10. 6 Step5: Technical Functional Design / 211

10. 7 Case Analysis: Revision of www. gov. cn / 212

Postscipt / 220

Commonly Used Term and Index in Government Website Analysis / 223

第一章　时代发展提出的新要求

我国政府网站的发展起步于1999年的“政府上网”工程。过去十余年间，我国各级各类政府部门紧密围绕加强政府信息公开、提升在线办事能力和促进公众参与三大基本目标，不断把政府网站建设推向深入。据中国互联网络信息中心（CNNIC）统计，截至2014年7月，我国以gov.cn结尾的域名已达56107个，相比2003年增长了4倍[①]。目前，我国中央和省级政府网站普及率已经达到100%，地、市级政府网站普及率达到99.1%，区县级超过85%[②]。政府网站在提供公共服务方面取得了长足发展，服务供给能力和水平显著提高。据中国软件评测中心统计[③]，目前高达89%的政府网站均建设和应用了统一化的政府信息公开平台，集中发布政府信息。各级政府网上办事服务内容极大丰富，如广东省建设的网上办事大厅整合了45个部门、21个地市的近两万项项目，其中6700多项能够实现网上申报。政府网站的信息服务更新力度也有了较大改进，2013年各级政府网站中超过3个月不更新的栏目比例由2012年的48%下降至32%[④]。可见，过去十几年中，在“内容

① http://www.cnnic.cn/jczyfw/CNym/CNymtjxxcx/cnymtjtb/2014/201402/t20140226_46141.htm.

② http://www.e-gov.org.cn/huizhanxinxi/news001/201312/141858.html.

③ http://politics.people.com.cn/n/2012/1205/c99014-19798138.html.

④ http://news.xinhuanet.com/2013-11/28/c_118336249.htm.

为王”的建设思路指引下，我国各级政府网站都经历网站建设从无到有、服务内容从少到多的发展阶段。

尽管近年来我国政府网站建设取得了长足进步，但政府网站发展水平总体依然不高，用户满意度很低。《中国青年报》2010 年调查显示①，我国网民对省、市、县三级政府网站满意度仅为 18.4%、12.1% 和 2.8%。联合国最近几年的电子政务调查报告也表明，自 2005 年以来中国电子政务排名连续下滑，已经从 2005 年的第 57 位退至目前的第 78 位，排名下滑的主要原因是我国政府网站与发达国家和很多新兴经济体相比，差距越来越大②。从政府网站的外部影响力的角度看，2013 年 10 月发布的《中国政府网站互联网影响力评估报告（2013）》指出③，当前我国政府网站互联网影响力总指数为 50.90 分（满分 100），总体处于中等偏弱水平，提升空间巨大。这些情况表明，作为政府在互联网上服务社会公众、沟通社情民意的重要窗口，目前我国绝大多数政府网站的服务能力还不能有效满足公众的需求。特别是随着互联网的发展，电子商务领域以个性化主动推送为特征的精准服务模式已经被广大网民普遍接受，社会公众对于政府网站公共服务的需求已经不再停留在被动接受政府信息的层面。在这种情况下，政府网站继续沿用过去的供给导向服务模式，仅仅按照政府自身的业务规律提供服务内容已经跟不上时代发展的步伐，不能满足广大网民日益增长的网上公共服务需求。

新一届政府履职以来，对我国政府信息公开和政府网站发展高度重视。国务院常务会议两次专题研究推进政府信息公开工作，对各级行政机关依法公开政府信息、及时回应公众关切和正确引导舆情提出了更高要求。2013 年 10 月发布的《国务院办公厅关于进一步加强政府信息公

---

① http://zqb.cyol.com/content/2010-06/29/content_3298921.htm.

② 于施洋、杨道玲、王璟璇、张勇进、王建冬：《基于大数据的智慧政府门户：从理念到实践》，《电子政务》2013 年第 5 期。

③ 杜平等主编《中国政府网站互联网影响力评估报告（2013）》，社会科学文献出版社，2013。

开回应社会关切提升政府公信力的意见》（国办发〔2013〕100号）中对政府网站转型发展提出两点要求[①]：一是要提升政府网站的互联网影响力，要“通过更加符合传播规律的信息发布方式，将政府网站打造成更加及时、准确、公开透明的政府信息发布平台，在网络领域传播主流声音”。二是要进一步提高政府网站对用户需求的响应水平，要“对各类政府信息，依照公众关注情况梳理、整合成相关专题，以数字化、图表、音频、视频等方式予以展现，使政府信息传播更加可视、可读、可感，进一步增强政府网站的吸引力、亲和力”。可见，政府网站作为政府发布权威信息及与社会公众交流沟通的重要渠道，需要顺应互联网技术迅猛发展和信息传播方式深刻变革的大趋势，通过打造政府网站“升级版”，更好地满足我国社会公众对政府工作知情、参与和监督的需求，进一步提升我国政府互联网治理水平。为此，积极探索和实践既符合中国国情，又能够与世界潮流接轨的科学的政府网站发展道路，就成为摆在政府网站工作者面前的一个重要课题。

针对形势发展对政府网站建设提出的全新要求，从国家信息化和政府改革的大背景出发，本书重点关注在大数据时代，如何运用先进的数据分析技术，帮助政府网站管理者能够基于全面、精准、及时的数据，对政府网上服务开展更有针对性的分析，并进行有效优化，全面提高网民对政府网上服务的满意度。本书的研究主要基于以下四点基本认识。

一　大数据时代互联网治理的新机遇

中国共产党十八届三中全会首次提出了“国家治理体系和治理能力现代化”的重要命题，引起国内外各界的广泛关注。面对日益复杂的国内外局势和日趋多元化的社会结构，党和政府的治理能力正面临空前挑

---

① 《国务院办公厅关于进一步加强政府信息公开回应社会关切提升政府公信力》［EB/OL］，http：//politics. people. com. cn/n/2013/1015/c1001 –23204203. html.

战。里格斯认为，行政组织不是一个绝对独立、自我封闭的系统，而是在运行过程中与社会环境和其他社会系统之间不断作用、相互影响[①]。过去十年间，我国社会生态系统中的一个重要变量就是互联网的飞速发展与迅速普及。互联网不仅是一种能够让信息快速传播、实时互动、高度共享的传播媒介，而且还深刻影响了社会的组织形态和运行模式。作为网络社会生态的一部分，社会公共治理系统在网络时代同样需要不断演化、不断提升。在信息化与互联网高度普及的今天，以政府网站为核心的政府网上公共服务体系已经成为世界各国政府提高网络治理能力和公共服务能力的重要手段。在快速膨胀的互联网用户群中，通过访问政府网站等方式获取公共信息服务的用户群体比例不断增长。美国皮尤（Pew）调查公司的数据显示[②]，美国互联网用户访问政府互联网公共信息服务的比例从 2000 年的约 27% 上升到 2008 年的接近 50% 。美国南加州大学 2011 年 12 月发布的调查报告显示[③]，高达 79% 的互联网用户认为政府网站的公共信息服务是可靠的，且这一比例远高于其他互联网信息源。美国总统奥巴马曾指出："联邦政府掌握和维护的信息是整个国家的资产和财富。"[④] 政府自身公信力所赋予的权威性和可信性，使政府信息服务成为公众在网络上获取信息的重要源头。充分顺应互联网时代的发展规律，充分发挥政府网上信息资源的影响力，是互联网治理创新的核心命题之一。

近年来，全球各国和地区都纷纷制定相关政策措施来向公众提供公共信息服务和产品。以美国为例，2009 年 1 月 21 日，美国总统奥巴马上任第一天即签署其首份总统备忘录：《透明和开放的政府》[⑤]；同年 5 月 21 日，美国政府推出的数据开放门户网站 Data. gov 上线，其主要目

---

① 汪向东、姜奇平：《电子政务行政生态学》，清华大学出版社，2007，第 66 ~ 67 页。

② Pew Research Center's Internet & American Life Project. [EB/OL]. [2010 - 12 - 10]. http：//pewinternet. org/Static - Pages/Trend - Data/Online - Activities - 20002009. aspx.

③ Online Information is Still Untrustworthy. [EB/OL] [2010 - 12 - 10]. http：//www. news. com. au/technology/most - people - still - dont - trust - online - info/story - e6frfro0 - 1226222558871.

④ 涂子沛：《大数据：正在到来的数据革命，以及它如何改变政府、商业与我们的生活》，广西师范大学出版社，2012，第 193 页。

⑤ http：//www. whitehouse. gov/the_ press_ office/TransparencyandOpenGovernment.

标是“开放联邦政府的数据，通过鼓励新的创意，让数据走出政府、得到更多的创新型运用。Data. gov 致力于政府透明，全力把政府推向一个前所未有的开放高度”[①]。在美国政府的引领下，西方发达国家纷纷推出了各自的政府数据开放计划。全球范围内政府数据开放运动的兴起，与近年来迅速发展的大数据技术产业遥相呼应，为网络政府治理创新提供了全新的技术渠道。

政府数据开放在全球的兴起极大推动了大数据理念和技术的普及。从本质上说，大数据技术是随着人类生产生活产生数据量的剧增而产生的一种新技术。大数据技术不仅强调数据量之大、类型之多，更强调通过对海量数据的深度挖掘和多维剖析，发现数据背后所蕴含的价值。大数据时代，管理将更加精细化，决策将日益基于数据和分析做出，而非基于经验和直觉。当前，欧美等发达国家已经开始将大数据应用于互联网信息引导工作中，利用大数据技术实时感知网民需求，并做到更加精准的信息服务推送。例如，2012 年美国总统竞选期间，奥巴马竞选团队充分运用大数据策略，按照性别、年龄、地域、种族、教育程度、宗教信仰等划分选民并进行交叉分析，精确瞄准选民特点，有针对性地推送竞选信息，可以说大数据应用对奥巴马成功连任的作用不可小觑[②]。在突发事件的互联网舆论引导方面，以美国 2012 年 8 月 23 日大规模爆发的西尼罗河病毒事件为例，在事件发生后美国相关部门通过精准的互联网数据监测分析，及时了解网民的需求和关切，并确保美国疾控中心和食品药品监督管理局网站上发布的信息第一时间出现在谷歌搜索结果第一页的醒目位置上，为澄清事件真相、引导社会舆论发挥了重要作用。我国一些电子政务发达地区也开始探索并推出了一系列政府大数据应用。如北京市于 2012 年底开通试运行的北京市政府数据资源网[③]，致力于提供北京市政务部门各类可公开数据的下载与服务，为企业和个人

---

① http：//www. data. gov/about.

② http：//tech. 163. com/13/0602/12/90C5LO4J000915BF. html.

③ http：//www. bjdata. gov. cn/tabid/76/Default. aspx.

开展政务信息资源的社会化开发利用提供数据支撑，推动信息资源增值服务业的发展以及相关数据分析与研究工作的开展。

大数据时代，欧美国家互联网治理创新实践普遍具有一个鲜明特点，那就是精准感知互联网公众舆论和公众需求的实际状况，通过有针对性地优化和提升政府网上公共服务内容与服务界面，使得政府能够提供更加贴近公众需求的服务内容，更加有效和敏捷地响应公众关切，让政府与公众之间走得更近。对政府公共服务而言，大数据之“大”，不仅仅在于其容量之大、类型之多，更为重要的意义在于用数据创造更大的公共价值，提升政府网上服务能力，形成政民融合、互动的互联网治理新格局①。如何利用大数据技术和理念，确保网民能够获取更多、更好政府信息，为网民提供更为精准的服务，成为信息化条件下建设服务型政府的重要内容。在大数据时代，当前我国各级政府网站迫切需要转变服务理念，充分利用新技术的优势，主动分析和挖掘用户需求，按照用户行为规律和需求特征组织和提供个性化“千人千面”的网站服务，提升政府网站面向不同类型用户群体的个性化、主动化、动态化服务能力，确保政府网站运转高效、响应快速、办事流畅、用户满意。

二　重构政府网上服务供求均衡关系

1919 年，瑞典经济学家林达尔（A. R. Lindahl）首次明确提出了“公共物品”的概念，并且以经济学模型的方式，明确地界定了公共物品与私人物品的差异性。这之后，萨缪尔森（P. Samuelson）② 和马斯格雷夫（R. A. Musgrave）③ 分别提出了公共物品的两大基本属性，即非

① http：//www. gmw. cn/media/2013 -03/23/content_ 7091724. htm.

② Samuelson，A. P.，The Pure Theory of Public Expenditure［J］. *The Review of Economics and Statistics*，1954，36：387 -389.

③ 马费成、龙鹜：《信息经济学（五）　第五讲　信息商品和服务的公共物品理论》，《情报理论与实践》2002 年第 5 期。

竞争性（Nonrivalry）和非排他性（Nonexclusion），并成为经济学界界定公共物品的两个基本标准。按照这一标准，政府网站是典型的公共物品。首先，政府网站具有非竞争性，政府网站上的信息资源可以被所有网民使用，政府信息一旦被生产出来，其用户数量的增加不会增加额外生产成本，即由于增加消费而发生的边际成本为零，政府网站的用户之间也不存在相互竞争的关系，对于政府而言，任何一个消费者的增加（可能是听众、读者、网民等）都不会导致政府部门生产成本的增加。其次，政府网站还具有非排他性。出于服务全社会的目的，政府网站不能禁止任何人消费网站上的信息和服务，而且任何一个用户都可以免费消费该信息，政府网站不可能通过类似缴费、抢购等方式排除一部分互联网用户。最后，从产权属性的角度说，政府网站作为一种公共物品的经济属性，也是与政府信息资源全民所有的法律属性相对应的。

作为典型的公共物品，政府网站服务的供求关系具有十分特殊的规律。一方面，在供给端，政府对于政府网站的成本和价格并不敏感，因此供给曲线缺乏弹性，完全由政府网站的决策者按照一定依据来确定其供给内容和供给规模。另一方面，在需求端，消费者在购买私人物品时，能够自由（或者说以较小代价）地选择其他供给者提供的私人物品，从而使得价格成为决定消费者购买决策的关键要素；而在访问政府网站（即消费政府网站的服务）时，由于政府网站的服务供给方只有政府，网民一般情况下很难有其他选择，他们一旦对政府所提供的信息具有明确的使用需求，那么这种需求就是“刚性”的——无论其价格（一些发达国家政府网站提供有极少量收费的服务）或者使用的便捷程度如何，因而基于价格机制的市场在此失去了调节作用。从这个意义上说，公共品的需求曲线同样缺乏价格弹性。由此可见，对于类似政府网站这样的完全由政府主导的公共品而言，其供给和需求曲线由于都缺乏必要的价格弹性，因此在供求象限中表现为两条平行的竖直直线。如图 1－1 所示。

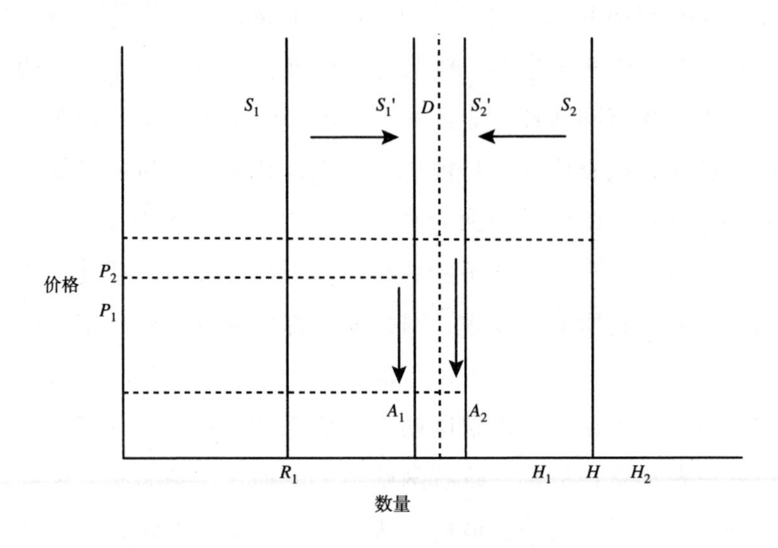

图 1－1　政府网站的供求曲线

从图 1－1 可以看出，政府主导的政府网站建设机制中，消费者的需求表达机制几乎无法真正建立，因此消费者的需求曲线只是“逻辑上”存在的一条曲线，用虚线表示——这条虚线的位置是唯一和几乎恒定的；在无法大致确定需求规模的情形下，供给曲线的均衡点是游离和不确定的，这也是依靠价格调节机制实现的市场均衡无法适用于公共物品领域的根本原因。

这种需求表达缺失现象的出现，导致政府网站在强调供给规模的同时，通常缺乏迎合互联网用户需求的“诚意”或动力。例如，由于目前我国大部分政府网站的主管部门是办公厅系统，而办公厅系统在其职责范围中大多仅负责政府信息公开和新闻宣传两类职能。而上述两类职能均较少涉及政府网站的互动和服务内容，这就导致我国政府网站一般以静态页面、新闻页面甚至是转载自其他新闻网站的页面为主，网站互动的技术支撑能力不强，没有充分利用短信、邮箱、表单提交等技术手段形成与用户的有效互动。再比如，在办事服务方面，与民生密切相关的一些便民服务，比如证件办理、民生投诉、市政规划信息查询等服务没有很好提供；已发布的办事信息中，往往存在信息要素不完整的情况，比如未提供办事指南中提及的相关表格，缺乏办事的联系方式和办事的流程图，部门名称、地址、联系方式、收费标准存在不准确地方；网上查询、网上申报和网上审批目前仅限于查询办事信息和下载部分表格，多数政府网站系统还无法实现在线办理和办理状态信息的查询功能。政民互动方面，尽管绝大多数政府网站系统都设置有领导信箱等互动栏目，但信箱内容（指不涉及个人或者单位隐私的信息）在网上公开的非常少，政府信箱的透明度很低；网上调查的形式单一，多是问个问题、勾个选项，缺乏调查深度，调查的内容也主要限于公众对系统改版和栏目的评价，与政务、公众生活关系的紧密性还有待提高；很多的政府网站系统没有开辟论坛，即使开辟了论坛，也存在人气不旺、讨论氛围不浓的现象；多数政府网站系统在意见征集主题的设置上较少涉及政务重点和社会热点，与政府业务职能、重点工作、当前社会热点结合不够紧密，等等。

重构政府网站服务供求均衡关系的首要任务，就是要构建一套完整可行的政府网站公共服务需求的表达和识别机制，从而使得公共品建设的决策者在确定公共品建设和生产规模时，能够以用户的需求为基准，从而使得供给曲线（S_1、S_2）尽量接近需求曲线（D）。未来政府网站的发展模式，应当借助于一种从需求端出发向供给端回溯、以需求为导向的创新驱动模式。需求导向的政府网站的理想服务形态是：互联网用户可以通过网络，在任何时间、任何地点访问政府网站，并一站式地使用来自不同部门的政府服务；用户不需要过多关心政府提供这一服务的业务流程，相关的政务资源调配和业务协同工作等均在系统后台完成，对用户而言是“透明”的。要想实现这种服务模式，需要从供给和需求两端同时开展工作：在供给端，要开展顶层服务梳理和业务流程设计，推动实质性的政府业务全流程上网，建立一个多部门、多主体共同组成的立体式的服务支撑体系；在需求端的服务界面设计上，要充分借助 Web 2.0、移动服务等多种技术手段，同时借助对网站用户行为的跟踪分析，挖掘用户的个性化服务需求，提供更加便捷和有针对性的服务，有效提升用户体验。

三　提升政府网站服务资源配置效率

作为一种典型的公共产品，政府主导的公共信息服务供给往往会遇到“政府失灵”的现象，从而导致政府公共信息服务供给的低效率问题。2008 年 CNNIC 调查显示，我国网民政府网站访问率仅 25.4%①，而同期美国则接近 50%②，这一情况至今依然没有明显改观。这种低效率问题表现在很多方面。最为常见的一种表现就是政府网站系统大量内容无人问津，利用率不高的现象十分普遍。同时，我国现有的政府网站绩效评估制度，往往“从政府的角度来衡量网站提供的电子政务公共信息服务，没有考虑公众的需求”③，不关注用户的行为特征和使用体验，使得其无法收集政府网站的实际服务效果的评估数据。反映到具体指标设计上，就是过于强调政府网站系统内容建设上的“有没有、多不多”的问题，而不关注服务“能不能、好不好”的问题。这些问题的存在，导致各地政府网站系统建设上出现为应付评估而大量开设栏目，内容上看似“琳琅满目”，但实际上大部分栏目更新力度和服务效果很差，体现实质效果的服务项目十分缺乏。

除了上述常见问题外，很多时候政府网站的资源利用低效也与技术层面的原因相关。比如政府网站上很多栏目或服务上线发布以后，由于其栏目内容搜索引擎可见性不佳，导致网民无法通过搜索引擎等常用信息查询渠道找到想要的信息，出现网站内容“无人问津”的状态，影响了网站信息资源的利用效率。在这种情况下，网民的实际

① http：//it. sohu. com/20080116/n254700903. shtml.

② http：//pewinternet. org/Static - Pages/Trend - Data/Online - Activities - 20002009. aspx.

③ 杨兵：《成都市城乡一体化电子政务公共信息服务研究》，西南交通大学博士学位论文，2011。

需求是客观存在的，但技术性因素导致供需之间不能有效对接。再比如，出于栏目设计的原因，同一项服务内容设置了多个不同的栏目入口，如某地政府门户网站曾经设置了两个一级栏目“魅力××”和“走进××”，网站设计者的原意是这两个栏目分别介绍当地的特色风土人情和经济社会基本情况，但很多用户实际上对上述两个栏目定位的差异性并不十分清楚，从而导致用户在查找相关信息时，在两个栏目之间摇摆不定，既影响了网站的用户体验，也影响了两个栏目的资源利用效率。

由此可见，提高网站信息资源的配置效率，让所有服务都能适配恰当的目标人群，让所有用户都能找到所需的公共服务，是政府网站分析与优化的重要“使命”。这种资源配置效率的提升表现为三个方面：一是通过网站数据分析与优化工作，客观评估网站各个栏目和服务的供给规范化程度、互联网影响力与用户满意度，对于网站内容长期更新不足、用户对内容兴趣不大、网站服务用户满意度较低的栏目，应当采取关停、合并、拆分等方式，提升这些栏目和服务的使用效率。二是通过网站数据分析与优化工作，优化重要服务的技术入口，比如通过开展搜索引擎可见性优化工作，提高网站服务在搜索引擎上被用户准确便捷查找到的可能性；通过开展网站首页布局和页面元素设计的优化，提升重要栏目首页入口设计的醒目度，提高用户通过首页找到服务内容的便捷度。三是通过网站数据分析与优化工作，动态调整网站栏目的层级结构，结合网站服务的实际情况，提升用户需求强烈但当前层级较低的栏目或服务的层级水平，同时适当降低用户需求不高的栏目或服务的层级水平，从而更好地促进服务供给和需求之间的动态匹配。

四　以数据支撑网站改版与科学决策

改版是政府网站调整优化服务格局、改进服务效果的重要手段。一般而言，较大的政府网站每隔一段时间均会组织一次大规模改版优化，这期间还会有若干次小规模局部调整。目前，我国各级各类政府网站的改版设计优化一般遵循以下几个方面的原则：一是按照行业主管部门和上级部门相关政策文件的要求，并参照常见的网站服务绩效评估指标体系要求，提出网站内容或栏目体系的调整方案。二是借鉴国内外同类型政府网站的若干成功做法和成功经验，在网站上开设特色栏目和亮点服务。三是采纳建站咨询公司或建站技术实施公司依据自身经验提出的若干改版建议。四是一些有条件的网站，会通过小范围发放调查问卷，收集一部分用户需求和建议，作为改版的参考。五是对于最终方案的采纳，以及若干重要不确定问题，请示主管领导，并由领导依据自身的经验拍板决定。可以看出，上述几种方式中，绝大多数都是定性分析为主，因而不可避免地导致改版决策“拍脑袋”现象的出现。甚至有些时候，由于网站决策涉及多方利益，在改版过程中出现几方意见争持不下的情况，最终只能采取妥协折中方案，或者依靠更高级别领导的决策。而领导决策时，由于缺乏充分的客观数据作为依据，往往也只能依靠经验、直觉或个人喜好来做判断。这样一种改版决策方式，其科学性和客观性均无法保证，更谈不上实践以用户体验和用户需求为导向的建站理念。

政府网站改版优化工作应当尽快改变当前这种以定性判断为主、缺乏客观数据支撑的“拍脑袋”决策方式。通过系统、全面、深入的网站数据分析，形成以客观数据为主、经验直觉为辅的决策模式，通过开展网站用户需求和用户行为的数据分析，以真实的用户数据帮助网站管理部门和主管领导准确定位当前网站的服务短板，形成面向网站首页、栏目和具体页面改版优化的针对性建议，确保网站改版方案科学有效。通过网站用户行为和用户需求分析的开展，促进形成网站改版决策的“闭环”，形成以用户需求为导向、上级精神为准则、成功经验为借鉴的网站改版科学决策方法体系（见图 1 –2）。

政府网站数据分析还是提高各级党政领导全局化科学决策能力的

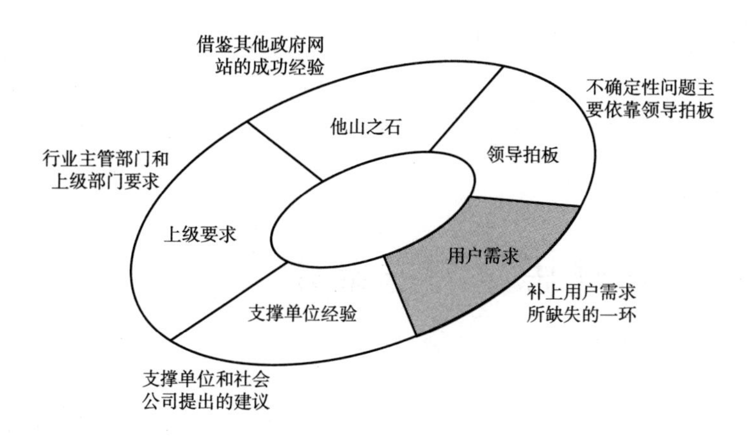

网站建设“三板斧”

用户需求为导向	上级精神为准则	成功经验为借鉴
未来用户需求和用户体验应当成为指导政府网站建设的基本导向	政府网站应当认真执行上级部门和行业主管部门的要求	可以积极借鉴其他网站成功经验并与本站实际情况相结合

图 1－2　以大数据分析支撑政府网站改版科学决策

重要手段。目前我国各级政府对网络舆情的了解，还主要来自对一些重要网站和新闻媒体的监控，但这些监控的信息往往缺乏针对性，无助于及时、有效地了解本地区社情民意，以及群众对于政府工作的实际看法。相比之下，政府网站上用户表达出的需求和意见，在很大程度上代表了本地区或本行业社会公众对政府的需求和意见。因此，应当尝试基于对政府门户网站海量信息的综合集成与分析凝练，提出支撑政治领导和行政管理的综合监测指标，支持政府行政管理重要决策，提升各级党委的执政能力。监测指标可以包括本地区民众对热点问题的关心程度、重大事件的民众参与度、重大决策的民意倾向、社会热点问题的民众舆情动态、主要职能部门的服务效能、辖区内民众对政府服务的需求等。目标在于实现利用政府网站解民之忧、急民之需、聚民之智。

第二章　总体思路与框架体系

本书的主要目标，就是构建一套较为系统的政府网站用户体验和用户需求数据分析方法体系，指导政府网站的改版优化与服务提升。

一　服务对象

政府网站服务优化，是指在政府网站数据分析的基础上，结合对政府网站服务短板、用户需求热点、用户行为规律等的全面把握，推进实施面向政府网站页面布局、栏目体系、技术功能等网站运行各层面的优化与改进。政府网站服务优化的实施主体具有多层次、多主体的特征。作为政府网站的利益相关方，不同类型的服务优化实施主体所关注的问题各有差异。因此，在分析政府网站服务优化之前，需要对政府网站的各类利益相关主体及其相互之间的关系进行系统分析。在全面掌握政府网站服务优化实施主体的特性基础上，做到有的放矢。一般而言，各国政府网站的相关主体与本国的政府公共行政体制密切相关。J. R. Tennert 和 A. D. Schroeder① 曾将美国纽约州政府网站的建设主体划分为五类，即州议会、州参议院、州预算司、州科技办公室和州审计长

① Tennert, J. R. , Schroeder, A. D. , Stakeholder Analysis [C] . Paper Presented at the 60th Annual Meeting of the American Society for Public Administration, Orlando, FL. 1999.

办公室，并详细分析了以上五类主体对本州政府网站系统升级维护的驱动力、合法性和紧迫性进行充分磋商的制度渠道。我国政府网站的供给主体同样与我国政府行政体制密切相关，以下对我国政府网站建设的四类主体进行介绍。

1. 政府网站的主管部门

政府网站的主管部门，是有明确的业务职能、明确的部门和人员配备，掌握一定建设经费，并负责统筹规划、统一管理和总体指导本地方或本部门的政府网站体系建设工作的一类政府职能部门。总体而言，政府网站的主管部门的主要职责，就是负责协调解决政府网站体系建设和管理过程中的重大问题，组织开展政府网站系统的检查和绩效评估，推动政府网站系统的标准规范建设等。目前，我国中央和各级各类地方网站的主管部门并不统一。据粗略统计，目前我国各地政府网站的主管部门大多以办公厅和工信部门为主，少数地方由发改委主管，还有部分地市和区县保留了独立的信息化工作办公室主管网站。不同部门作为政府网站的主管机构，由于本部门职责范围和业务类型的差异，必然导致其在推进政府网站方面的业务重点不同；另一个更加值得关注的问题则在于，由于我国传统行政体制下纵向系统内部协同远远优于跨系统协同的特点，比如在工信部门作为政府网站体系建设主管部门的地区，必然在协调发改委、办公厅等其他机构时，面临诸多不便，导致我国政府网站体系的整体协同建设能力相对欠缺。

政府网站主管部门对于网站分析与服务优化的主要需求，体现在四个方面：一是对政府网站整体发展战略规划和政策导向的把握及重大事项的科学决策；二是服务绩效的总体评价；三是对政府网站上重点服务，以及对地区和部门重大问题专题服务运行情况的总体把握与服务改进；四是基于网站数据分析和用户行为研究成果，形成网站建设和服务运行优化各层面的标准规范体系。

2. 政府网站的相关业务部门

政府网站相关业务部门是指政府网站内容生产和服务提供主体。总体而言，政府网站的相关业务部门因具体信息服务的内容不同而不同，可能涉及任何一个政府及其相关业务部门。如前所述，政府网站的主管部门往往并不是内容生产部门，它更多起到一种协调、督促相关主体开展内容生产和服务供给的作用。而相关业务部门则是真正负责政府网站内容生产任务的主体，包括与本部门业务相关的业务栏目的内容及其更新维护工作，具体来说，就是根据政府网站栏目责任分工，负责政府信息公开保障、网上服务事项办理和网上互动信息处理等工作。在分析政府网站的服务优化实施主体时，首先应当区分清楚政府网站的主管部门和相关业务部门，既不能对政府网站的主管部门和业务部门不加区分，也不能将业务部门排斥在政府网站的供给主体之外。这是建立一个合理、科学的政府网站供给主体机制的基础。其次，为了解决主管部门和业务部门之间的协调问题，还应当在工作机制和制度建设上探索各种方式。如目前很多地方政府采用的联席会议或者领导小组制度，就是一种由政府网站的主管部门牵头，吸纳相关业务部门的负责人员参加的常态化、机制化的沟通协调渠道。同时，这种渠道的建立还不能仅仅停留在沟通层面，还需要通过资金分配机制、人员绩效考核机制、部门培训和宣传机制等配套工作来共同完成。

相关业务部门对于网站分析与服务优化的需求主要体现在以下两个方面：一是业务部门所负责的网站服务的运行情况、用户满意情况等，以其作为业务部门进一步改进服务效果的参考依据；二是网站用户对本部门相关业务的新增服务需求以及近期的需求热点等，以其作为业务部门进一步拓展服务范围或者调整服务定位的参考依据。

3. 政府网站的建设和运维部门

当前，我国政府网站承担建设和运维任务的主体主要是各级政府和各部门下属的信息中心体系。具体而言，除领导决策和监督协调任务（主管部门承担）以及主要的内容生产（相关业务部门承担）之外，政府网站建设和运维部门要负责：政府网站系统的建设和改造升级；政府网站信息发布审核和保密审查的责任；监管政府网站系统技术运维；协调政府各部门保障政府网站栏目信息和承办网上业务；选择并管理政府网站系统的承建单位和运维单位；确保上网信息真实准确且更新及时、网页链接有效、在线服务有效和互动功能正常等。

政府网站建设和运维部门是政府网站数据分析与服务优化的主要实施主体，其服务需求主要体现在以下几个方面：一是政府网站服务界面的运行情况和服务短板情况，以其作为网站改进优化服务界面和技术功能的依据；二是对网站用户信息服务需求热点的及时了解，并将其反馈给相关业务部门，协同改进服务内容和服务定位；三是对网站技术运维总体情况的把握，以其作为监督和管理网站建设实施单位的客观依据。

4. 政府网站的建设实施机构

政府网站的建设实施机构大多是由独立于以上三类政府主体之外的企业承担，政府网站的建设实施主体主要负责政府网站系统的技术开发、设备运行、数据备份、政府网站系统功能的技术实现等日常运行维护工作，制订政府网站系统应急预案，定期检查政府网站系统安全情况，及时消除系统故障和安全隐患，保证政府网站系统页面显示、在线服务和互动功能的正常运行，保障政府网站系统运行安全和技术服务质量，等等。

政府网站建设实施结构对于政府网站数据分析和服务优化的需求主要体现在技术运维层面，如网站服务运行出错率、网站运行性能指标、网站技术功能用户使用体验、网站服务安全运行情况等。

通过以上分析，可以将政府网站的供给主体的构成以图 2-1 表示。

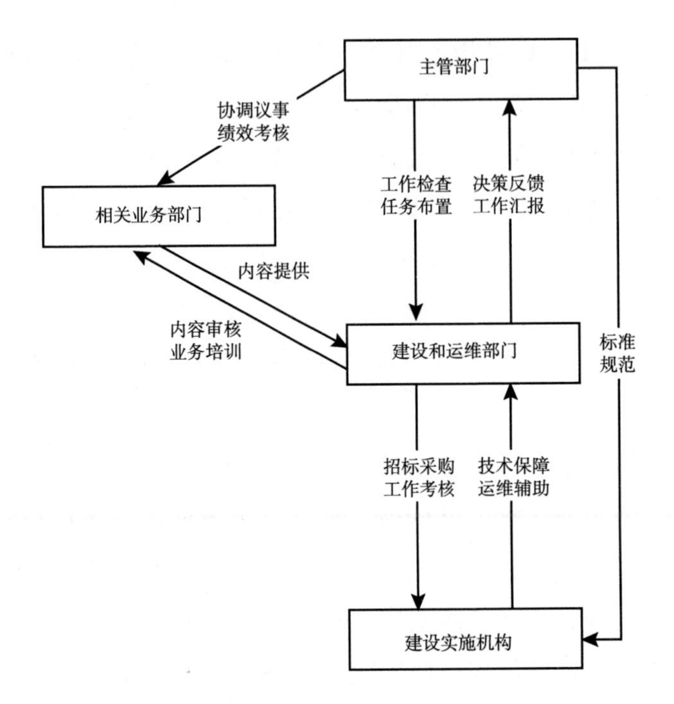

图 2-1　我国政府网站的相关利益主体构成

需要指出的是，以上给出的服务主体分类框架只是理想化或者简化的一种供给主体分类。在实际操作中，政府网站体系供给主体之间的区分并不一定明显。

首先，很多政府部门的网站主管部门和建设运维部门之间存在一体化现象。例如某部委信息中心是一个具有“三定”职能的政府部门，它承担指导全系统信息和政务公开工作的职能，同时也具体负责网站建设和运维。另外，还有部分机构存在网站主管部门和运维建设部门“一个机构、两块牌子”的现象，例如某部委信息化建设领导小组办公室设立在信息中心，两者共用一套人员。在这种情况下，政府网站的主管部门和建设运维部门实际上使用了同一套决策和工作机制。

其次，政府网站的主管部门和业务部门之间同样存在一体化的现象。例如商务部的网站建设运维工作的主管部门是商务部电子商务和信息化司；同时商务部电子商务和信息化司还承担着很大一部分商务公共信息资源的生产和开发任务，拥有固定的国家商务公共信息服务专项资金支持。在这种情况下，商务部的商务公共信息服务体系的主管部门和业务部门实际上是一体的。

最后，政府网站的建设运维部门和建设实施机构很多时候也并不能完全区分清楚。尽管目前我国大部分政府网站体系建设都实施了服务外包的策略，将建设实施的技术工作外包给社会化企业；但依然有部分政府信息中心自己拥有一定的技术研发力量，而选择自己开发政府网站系统。

二　总体思路

1. 政府网站数据分析与优化的总体目标

政府网站数据分析与优化的总体目标，是要形成以用户需求为起点、用户体验为导向的网站服务供给模式。要在“用户需求”与“服务供给”之间建立一个正向激励的良性循环：以用户需求为出发点，有针对性地提供网上公共服务；以用户体验为导向，通过对用户网上行为的分析，识别网站服务短板，网站管理部门通过栏目、功能以及页面布局等方面的优化，缩小“用户需求”和“服务短板”之间的差距，从而带来网上公共服务绩效的提高，实现用户满意度的提高，使网站真正实现用户体验与服务供给之间的有效衔接。变过去的信息服务内容按部门业务职能边界的“简单堆砌”模式为动态感知并快速响应用户服务需求的“随需应变”模式。通过引入监测、分析、改进的循环递进式的政府网站运营工作机制，使得政府网站的优化工作得以常态化与可持续化，使得网站的发展更加具有目标性及策略性。通过对政府网站总体的战略规划与相关体系及流程的改造，使得政府网站得以蜕变为真正意义上高效的政府服务的窗口和政民互动的平台。

在传统的供给导向方式下：首先是网站的建设管理部门，往往根据上级文件，或者是根据自己的调研，得出他们所认为的用户需要的信息和服务，然后向政务部门提出相关需求。政务部门经过自己的业务判断，尽可能把服务内容提供给网站建设部门。最后网站建设管理部门经过设计把这些信息和服务放到网站，到此这个服务的流程就结束了。也就是说，这些相关部门把信息和服务往网站上一放就完成了服务的供给过程，对于这项服务是否有人点击、用户使用这项服务的体验如何，并没有去考虑。这就是供给导向的发展方式。与此相对应，用户体验导向是一个更为完整的封闭式的良性互动模式：首先是网站建设管理部门要获取网民的需求信息，根据用户需求向业务部门提出信息和服务需求，业务部门通过精准的判断把这些服务提供给网站，最后网民用鼠标点击来反映他们对服务内容的满意程度，如图 2－2 所示。

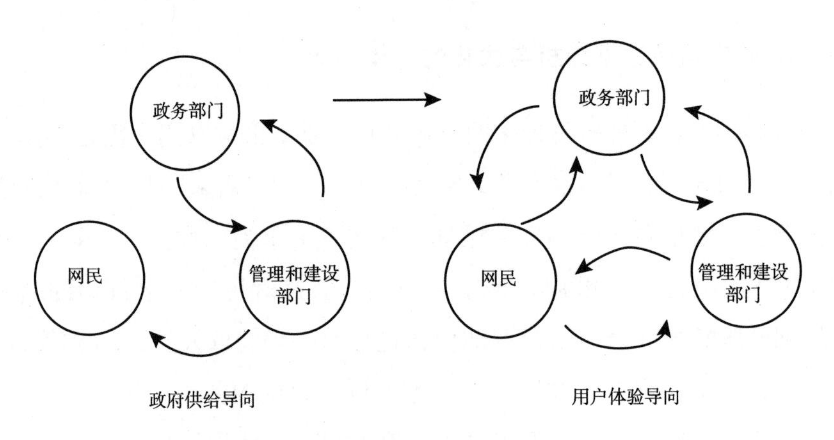

图 2－2　政府供给导向与用户体验导向

用户需求导向的政府网站发展模式，就是要将现有的供给导向的发展方式向兼顾供给和需求、更加注重用户体验的发展方式转变。基于用户体验的政府网站优化就在“用户体验”与“服务供给”之间建立了一个正向激励的良性循环：以用户需求为出发点，通过对用户网上行为的分析，判别用户需求特征，识别网站服务短板，然后网站管理部门通过栏目、功能以及页面布局等方面的优化，缩小“用户需求”和“服务短板”之间的差距，从而带来网上公共服务绩效的提高，实现用户满意度的提高，使网站真正实现用户体验与服务供给之间的有效衔接。

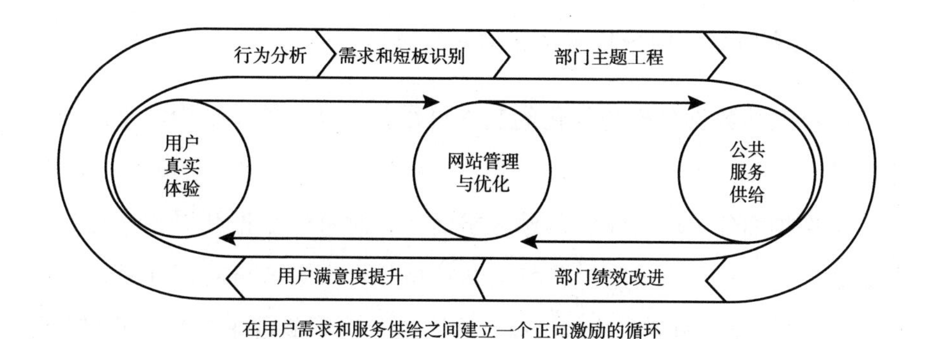

图 2－3　基于用户体验的政府网站发展模式

2. 政府网站数据分析与优化的具体目标

结合上述分析，政府网站服务优化的具体目标可以概括为以下四个方面。

①重构供求均衡。帮助政府网站建设和管理部门了解并掌握互联网用户需求，有针对性地改进服务界面、调整服务定位，从而使得网站服务内容更加高效地满足用户需求，实现网站服务的供求均衡。

②提高配置效率。帮助政府网站建设和管理部门调整网站服务资源的配置，加大网站用户需求强烈的服务内容的供给力度，优化网站服务栏目的层级和入口，帮助政府网站用户更加便捷地找到所需的服务内容，提高网站资源的利用率。

③提升用户体验。开展基于数据分析的综合诊断与技术优化服务，通过对网站用户使用行为的跟踪与挖掘，基于用户行为规律和需求分析模型动态组织和优化网站服务内容，及时、主动、精准地向社会公众提供网上公共服务。

④支撑科学决策。通过开展面向政府网站的数据分析，以真实的用户行为和用户需求数据帮助网站管理部门准确定位当前网站的服务短

板，形成面向网站首页、栏目和具体页面改版优化的针对性建议，并确保网站改版方案科学有效。

3. 政府网站数据分析与优化的基本思路

政府网站数据分析与优化的基本思路，可以简单概括为以下四个基本步骤。

①结构细分。对于任何网站分析而言，对总量数据开展结构化细分都是至关重要的一个步骤。著名网站数据分析专家 Avinash Kaushik 曾指出，“在网站分析领域，绝对没有什么比细分（即族群细分）更重要”①。以往的网站分析往往仅仅关注网站基本指标，如用户浏览量等的变化，但这种总量数据的变化对于如何改进政府网站很难有指导意义，仅能起到帮助网站管理者初步了解网站服务运行现状的作用。只有通过对总量数据的结构化细分，才能够发现隐藏在网站总体流量数据“波澜不惊”的表象下某一细分用户群体的异常行为，准确定位出政府网站在面向这类用户群体时的服务短板，从而提出有针对性的改进建议。

②趋势分析。在结构化细分的基础上，网站数据分析者需要进一步关心的就是各项细分指标或细分用户群体的变化趋势。对于网站分析而言，一般情况下静态数据对于网站服务改进的意义不大。只有出现异常变化的细分指标对于网站服务的改进才有指导意义。对于政府网站而言，有一类趋势变化尤其值得关注：在一些重大突发事件、重要会议、重大政策出台期间，社会公众对于政府网站的某一类服务需求往往会出现“脉冲式”上涨。这类需求在短期内往往会成为网站的热点需求，而在事件发生之前和之后，则很少有人会关注。通过热点探测等技术手段，发现这类需求热点，并指导政府网站快速设置热点专题，往往能够起到提升网站动态响应能力的良好效果。

---

① Avinash Kaushik：《精通 Web Analytics 2.0——用户中心科学与在线统计艺术》，清华大学出版社，2011，第 76 页。

③价值判断。通过横向的结构细分和纵向的趋势分析，政府网站分析者已经能够较为准确地定位到网站服务运行中的“异常点”。下一步需要做的工作，就是结合对网站业务运行规律的理解，特别是通过网站数据分析人员与网站管理部门之间的密切交流与碰撞，对网站服务运行过程中的异常点的业务含义进行价值判断，从而明确网站服务改进的基本方向。

④改进对策。作为政府网站服务分析与优化的第四个步骤，政府网站服务改进的对策建议是在前三步分析的基础之上形成的。网站服务改进的对策建议包括很多层面，如网站服务内容的改进、服务定位的调整、服务界面的优化、技术功能的完善等。值得指出的是，政府网站服务改进对策的提出，需要考虑不同网站运行过程中不同类型的利益主体的特殊需求。比如说，面向网站建设实施机构提出的改进对策建议，就应当是集中于技术运维的层面，并且着眼于网站技术保障和运维安全的角度。

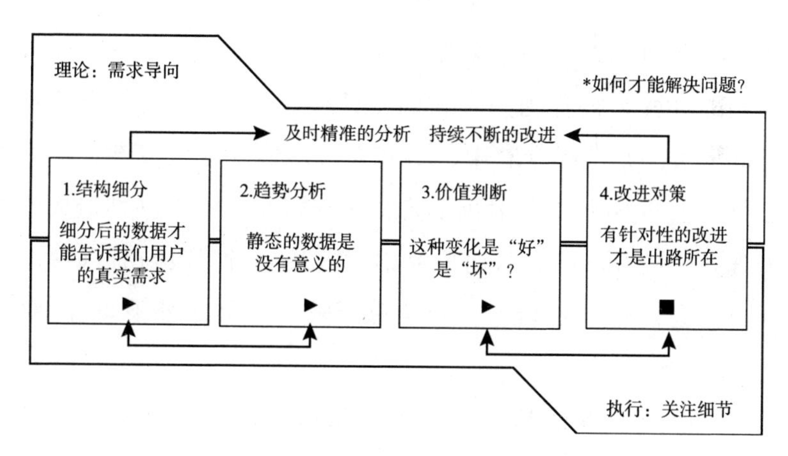

图 2－4　政府网站数据分析的基本思路

三　基础指标

政府网站分析的指标，必须能够反映政府网站用户各类行为或行为效果的一些属性，比如访问规律、访问深度、持续时间等。政府网站用户行为分析的基础指标包括以下几个方面。

1. 访问数量

政府网站的访问数量可以用访问人数、访问人次和访问页面数等三个指标来衡量。这三个指标也是政府网站用户分析中最基础的指标。

访问人数（Visitors，又叫访问者数），是指来到政府网站的用户人数。访问人数的计算方式有两种，一种是按照 Cookies 界定，即访问政府网站的终端数量（包括 PC、平板电脑、智能移动终端等）；一种是按照独立 IP 地址数来界定。一般来说，基于日志的网站分析系统使用 IP 的方法界定；而基于页面标签的分析系统，如谷歌分析（Google Analytics）和中国政务网站智能分析系统（GWD）则基于终端的方式界定网站访问人数[①]。

访问人次（Visits），是指政府网站用户的访问次数。政府网站的访问者从打开网站的某一个页面到离开（或中间停止操作一定时间）这个网站的过程，被称为一个访问会话（Session），一个会话对应于一个访问人次。在实际计算中，访问人次的情况比较复杂，不同网站分析工具对于 Session 失效时间的定义、交替浏览不同网站造成的影响等的处理方式各有不同，从而导致不同网站分析工具统计同一个网站的结果可能会出现一定偏差。受篇幅所限，本书此处不再详细展开，可参考文献[②]的论述。

访问页面数（Page View，又叫页面访问量、页面浏览量或点击量），是指政府网站上各网页被浏览（即用户在浏览器中访问或刷新一个页面）的总次数。访问页面数是目前判断网站访问流量最常用的计算方式，也是反映一个网站受欢迎程度的重要指标之一。

---

① 关于基于页面标签技术的网站分析系统，请参见本书第三章相关介绍。

② 《访问人次》，http：//www.gwd.gov.cn/zsk/jczs/jczb/2012/0828/70.html。

上述三个指标都反映政府网站用户总体的访问数量，但颗粒度依次降低。一般来说，政府网站的访问人数 < 访问人次 < 访问页面数，即一个政府网站用户可能多次访问政府网站，同时每一次访问又可能会同时访问多个网页。

2. 跳出率

网站用户的跳出率（Bounce Rate，也有按原文音译为“蹦失率”），指用户通过某种渠道来到政府网站之后，只浏览了一个页面就离开的人次占全部访问人次的百分比。跳出率能够从一个侧面说明政府网站对用户的吸引力，是衡量网站内容质量的重要指标。一般而言，政府网站应当追求跳出率越低越好，过高的跳出率通常表示网站内容对用户而言不具有较强的针对性、吸引力，或者导航设置、技术水平上存在显著缺陷。跳出率并不是一个整体性的指标，在具体分析时，往往要剖析到底是哪一类渠道或者用户群的跳出率高，而不是泛泛地谈网站整体的跳出率。

跳出率不是一个绝对的衡量指标。一般而言，跳出率与网站的新访问者比例有着明确的相关关系——新用户比例越高，跳出率就越高。这是因为新用户的忠诚度往往比老用户要低，新用户对网站栏目体系也不熟悉，新用户流量比例越高，往往意味着只浏览一个页面就离开的用户比例也越高。因此，如果政府网站通过搜索引擎可见性优化等方式吸引了大量新用户，在网站流量上升的同时，跳出率也出现攀升。对这种情况并不需要过分担心，因为随着网站用户结构重新趋于稳定，新用户逐渐转化为老用户，网站的跳出率又会逐渐降低。

3. 平均访问页数/平均访问时间

平均访问页数（Page View per Visitor）是反映政府网站用户访问深度的常用指标。该指标的计算方法是指给定期间内的总访问页面数除以此期间内政府网站的总访问人次。平均访问页数反映的是网站用户黏度高低，但政府网站同样不能为了追求更高的平均访问次数而人为地设置一些技术手段。例如，很多网站喜欢将一条较长的信息（如本地区“十二五”规划）拆分成为十几个页面，这样用户为了获取所需内容，不得不逐页浏览信息。这种情况下，用户的平均访问页数的确会发生明显上升，但事实上网站用户体验可能反而降低。

与平均访问页数相关的一个概念是政府网站用户的平均访问时间。即指在一定统计时间内，浏览网站的用户所逗留的总时间与整个网站的访问次数之比。其计算公式为：总的逗留时间/总的访问次数 = 平均访问时间。平均访问时间的长短也是政府网站分析的一个重要指标，可以用于指导政府网站具体服务页面的改善。一般来说，平均访问时长越长，说明网站或页面对用户的吸引力越强，能带给用户的有用信息越多，用户越喜爱。但该指标的分析也有例外情况，例如，对于某些具体办事服务，特别是需要表单填写的服务来说，平均访问时间越长，可能反而说明用户对于该服务的使用不甚理解，在填写表单内容时效率很低，因此在这种情况下平均访问时间会成为一个反向指标。总之，需要结合具体情况来看待平均访问时间的优化问题。

总体来说，提升政府网站用户的平均访问页数和平均访问时间的办法大致有两类：首先，是从网站服务内容的角度进一步优化服务内容的供给，使网站更能吸引用户，比如增加更多个性化和原创性的服务内容、为网页确定一个鲜明的主题、增加互动性功能的使用率等都有助于提高上述指标的表现。其次，是从网站服务界面的角度，可以通过增加相关页面链接、使用面包屑导航等方式，提高网站对用户的访问黏度。需要再次强调的是，上述指标并不是绝对的评价标准，比如政府网站可以通过人为地增加互动环节的烦琐程度（增加填写表单的步骤数量，或者要求用户填写大量无关信息）来提高网站的平均访问时间，但这些不恰当的手段和方法反而会使网站整体用户体验下降。

4. 转化率

转化率（Conversions Rates）是一个源于电子商务网站的用户行为

分析指标。所谓网站用户的转化率，就是进行了某一类特定动作的访问量占网站总访问量的比重。转化率能够很好地衡量网站内容对访问者的吸引程度、服务质量、利润率、订单吸引能力以及宣传效果等核心绩效指标（Key Performance Indicator，KPI）。在商业网站数据分析中，转化率分析是最核心的研究部分。任何一个商业网站的核心目标都是赢利，网站上的任何一个服务、页面设置按钮、图标、动画等都需要围绕提高赢利能力这一目标展开，因此绝大多数商业网站的核心绩效指标是比较单一的。比如一个电子商务网站，其最终的核心目标可以具体化为几个指标，如下订单数量、预约使用人数、在线支付数量等。通过对电子商务网站的业务规律分析，可以归纳总结一个或数个核心指标，并将其作为评估网站相关内容的绩效标准，从而提出有针对性的改进方案。

对于政府网站而言，由于其网站上的服务内容五花八门，动辄上百上千个栏目，分别由不同的业务部门或技术部门负责，所服务的对象群体和所承载的业务职能各有不同，因此很难对于政府网站制定出一个或几个有力的 KPI，并基于此来指导规划政府网站的改进。因此转化率分析方法对于政府网站分析而言，其重要性相比商业网站要低得多——正如我们在第一章中所谈到的，政府网站优化的着眼点应当是资源配置的合理度与配置的效率，换句话说，就是要强调投入的规范性与科学性，而不是像商业网站分析那样单纯以转化率，也就是产出的最大化作为网站优化的指导标准。当然，在某些特殊情况下，转化率指标对于政府网站的局部优化而言也是有一定参考意义的。比如在网上办事大厅优化中，可以将办事表格文档下载率、办事表单成功率或在线咨询使用率等作为转化率的设定标准，从而有针对性地指导这些栏目的优化改进。

四　基本维度

政府网站分析的维度，是指对网站用户群体的细分标准，也就是用户本身的一些基本属性，比如时空分布特征、访问来源渠道、技术环境等。通过对网站用户基本维度的分析，可以根据政府网站分析的具体需求，将用户群体按照一定标准进行细分，并对各个细分后的用户群体的访问需求和访问行为进行研究，从中发现用户访问政府网站的基本规律，以其作为网站服务改进优化的参考依据。从基本维度上看，政府网站用户分析的基本维度包括以下几个方面。

1. 用户的地域来源

政府网站用户的地域来源是政府网站用户的基本分析属性之一，目前，主要是通过 IP 地址归属地判断用户的地域分布（国家、省、市、县等）信息。但这种方式必然会存在一定程度的误差，比如一些使用代理服务器等的用户，其 IP 地址来源可能并不能代表用户的真实地域属性，这种情况特别是在判断国际用户来源时会较为突出。此外，在涉及国别分布情况的地域来源判断中，还可以通过用户所使用的操作系统语言属性，结合用户的 IP 地址归属来大致推断用户的归属地。比如某用户 IP 地址来自美国，同时其所使用的操作系统语言为美式英语，那么基本可以推断该用户为美国用户；但如该用户 IP 地址属于美国，但所使用的操作系统为简体中文，那么用户既可能是在美国工作的中国人（特别是一些短期出国的用户），也有较大可能是某国内用户使用了位于美国的代理服务器上网，从而被网站服务器记录其位于美国的服务器 IP 地址。

2. 用户的访问时间

用户访问时间同样也是政府网站用户分析的基本属性之一。访问时间分析可以分为几个层面，包括逐日分析（即查看政府网站用户一段时期内每一天的访问流量变化）、跨日分析（即查看政府网站用户一段时期内在全天 24 小时内的访问流量平均值变化情况）、逐周分析（即查看一段时期内以周为单位的访问流量变化情况）、跨周分析（查看政府网站用户一段时期内在一周七天中访问流量平均值的变化情况）以及逐月、逐年分析等。不同维度的分析能够展示政府网站用户访问时间的不同规律性。例如，通过逐日分析可以看到，与一般商业网站相比，政府网站呈现明显的工作日访问量高、周末和节假日访问量低的分布规律，商业网站的流量变化则没有政府网站那么明显。图 2－5 显示了某政府网站和某电子商务网站的一个月（2013 年 11 月 5 日到 2013 年 12 月 4 日）中的日志流量变化趋势，可以看出，政府网站在周末时段流量出现明显的下降，而商业网站这一现象并不明显。

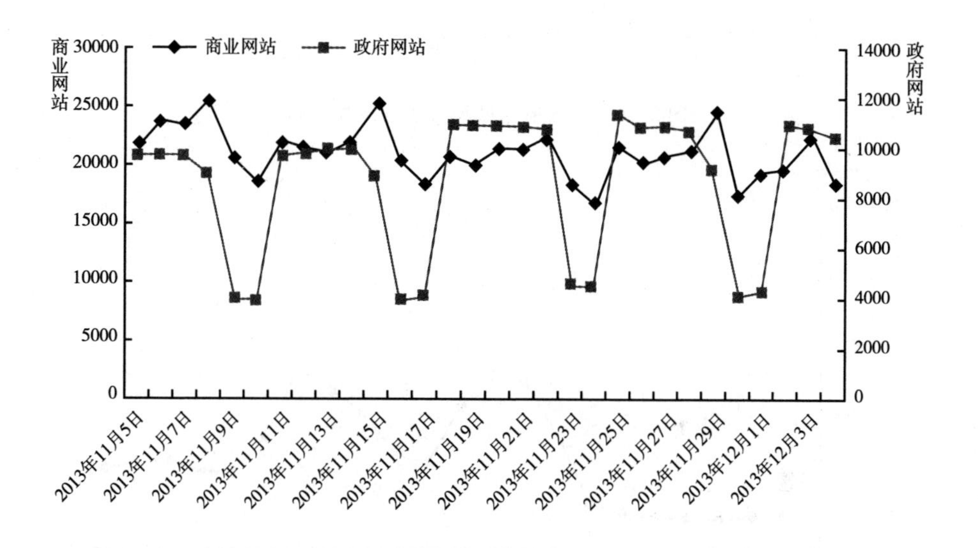

图 2－5　某政府网站和商业网站一个月中逐日访问流量变化

再比如，通过政府网站用户访问流量的跨日分析可以看出，一般政府网站的用户跨日访问流量呈现明显的“双驼峰”特征，一般在上午 8～10 点和下午 2～4 点间呈现网站访问流量高峰，如图 2－6 所示。

通过跨日访问曲线，还可以较为准确地识别出机器扫描或作弊访问流量。因为从用户行为的角度分析，一般政府网站用户很少在非工作时间，特别是在凌晨 1 点到 5 点间访问。因此，如果某一个网站的跨日访问流量中，双驼峰特征不十分明显，则基本可以判断该网站的流量存在较高比例的机器扫描等非人为因素造成的流量，如图 2－7 所示。

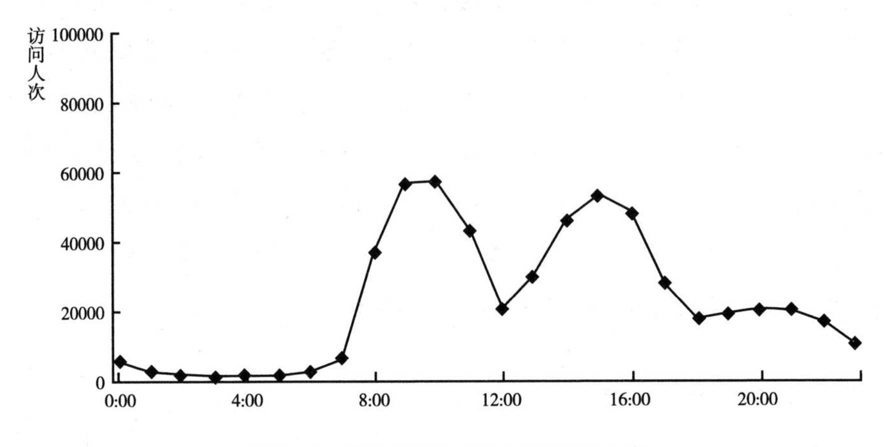

图 2－6　某政府网站跨日访问流量分布

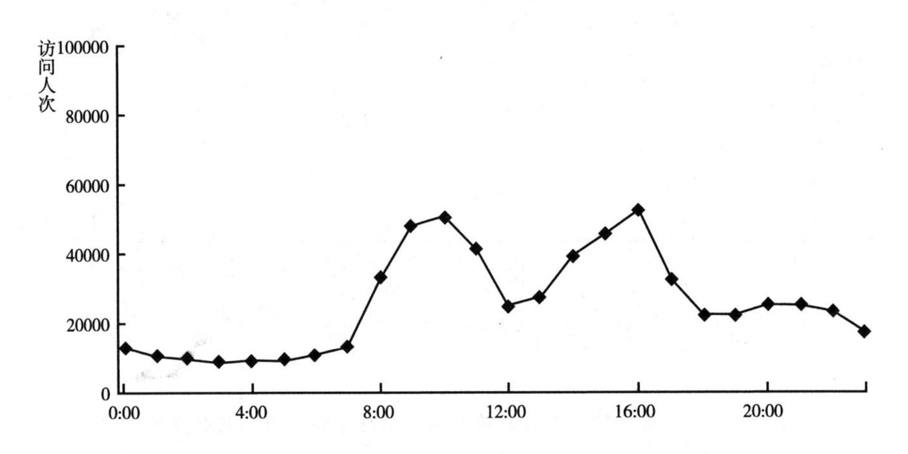

图 2－7　存在机器扫描流量的某政府网站跨日访问流量分布

图 2－7 中，该政府网站在一段时期内的跨日访问流量总体虽然呈现双驼峰形状，但其在凌晨 12 点至 6 点期间，依然保持较高的访问量。通过进一步分析发现，该网站在这一时期存在较多机器扫描的现象，从而造成在凌晨期间出现了大量非人为的访问流量。

3. 用户的来源渠道

根据政府网站用户来源渠道的差异性，可以将政府网站用户的来源类型区分为三类，即搜索来源用户、导航来源用户以及直接来源用户。

搜索来源用户，是通过百度、谷歌等搜索引擎搜索相关信息，并被搜索引擎带到政府网站来的用户类型。搜索来源的流量和质量取决于两个关键因素：其一，是政府网站中的资源被主流搜索引擎收录的比例；其二，是政府网站的信息在搜索结果中的排名。对于搜索引擎来源用户，网站数据分析工具可以进一步判断该用户所来自的搜索引擎、在搜索引擎上输入的关键词、搜索引擎用户的来源页数等信息。其中，搜索引擎用户的来源页数指标是指通过搜索引擎搜索来到政府网站的用户是点击了搜索结果的第几页来到了网站，对国内外多家搜索引擎的用户访问行为研究的结果均表明，使用搜索引擎查找信息的用户其耐心往往极其有限，大多数用户仅查看搜索结果的第一页就会选择跳转到某一个目标网站中去。

导航来源用户，是指用户在访问其他网站时，被这些网站上指向本网站的超链接带到网站上来的用户。导航来源用户的流量多少主要取决于政府网站被其他网站链接的数量（外链数）。对于其他导航来源渠道，网站数据分析工具可以记录用户来源的网站域名和来到政府网站之前所在的页面地址等信息。

直接来源用户，是指在浏览器中直接输入网址，或者通过收藏夹等来到政府网站的用户，这部分用户占所有用户的比例越高，则说明网站用户中忠诚用户的比例越高。但如果一个网站的所有用户都是直接来源用户，则说明网站在互联网上的知名度不够，因此无法吸引大范围的用户前来，而成为一个“小圈子”里的常用网站。

一般来说，政府网站中搜索来源用户最多，其次为导航来源和直接来源用户。据网研中心统计，某省会城市政府网站在一年时间中，搜索引擎来源用户占总访问人次的64.28%。其用户来源比例分布情况如图2－8所示。

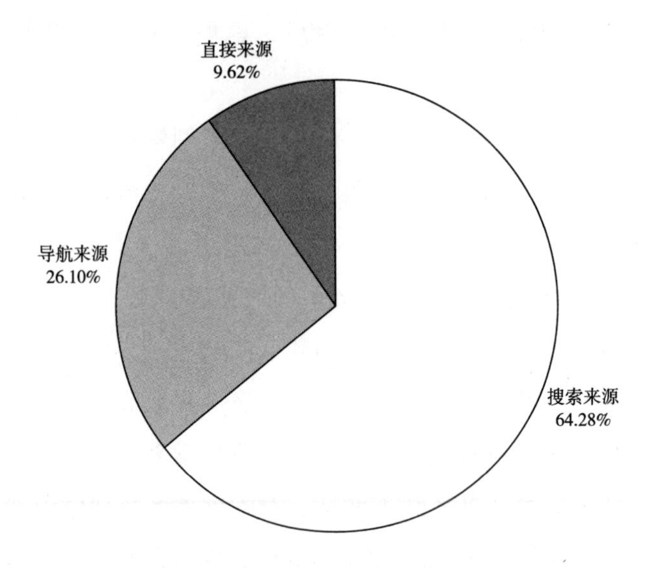

图 2-8 某市网站用户来源比例分布图

4. 用户的技术环境

政府网站用户的技术环境信息包括用户所使用的浏览器（如微软IE 浏览器、搜狗浏览器、谷歌 Chrome 浏览器、苹果 Safari 浏览器、火狐浏览器、Maxthon 浏览器等，并识别各个浏览器的版本号）、操作系统版本（主流的包括微软 Windows 系列操作系统、苹果 iOS 系列操作系统、Android 系列操作系统等）、屏幕分辨率（即用户屏幕上显示的像素个数，如 1024×768 等）、屏幕色深（即在某一分辨率下屏幕上每一个像点由多少种色彩来描述）等指标。用户的技术环境指标一般而言与用户行为关联不大，但对于指导政府网站改进技术兼容性具有重要意义。例如，通过系统数据分析，如若发现某一类浏览器的用户访问质量较差（如跳出率过高等），则很多情况下可能与网站在该浏览器下兼容性不佳甚至某些技术功能不可用有关。

以上对政府网站用户分析的几个基本维度进行了初步介绍。需要指出的是，在实际研究中，往往需要将两个甚至多个维度的属性结合起来进行分析，才能发现对于网站服务改进有意义的问题。比如分析每年“两会”期间某地区当地网民通过微博访问政府网站的需求热点，并设置有针对性的服务专题，就能够帮助政府网站有效提升在类似“两会”这样的重大活动期间面向社交媒体用户群体的主动化、精准化服务效果。这样的分析，实际上是结合了访问时间（“两会”期间）、地域来源（本地用户）和来源渠道（微博用户）三个维度的分析而实现的。在本书的后面章节中，将结合具体分析的案例，对这类多维度交叉的用户分析的模型和方法做进一步介绍。

五　框架体系

通过上述分析可以看出，本书论述的最大特色，就是将网站数据分析与服务优化有机地结合起来，本书所开展的各种数据分析，并不像一般的网站用户行为分析那样，仅仅满足于对现象和规律的描述，而是试图进一步将研究视角聚焦在实操层面，着眼于通过数据分析发现网站服务短板、指导网站服务改进、支撑网站科学决策。基于这一基本思路，本书从四个层面进行介绍。

第一个层面是政府网站分析的技术手段介绍，主要由第三章组成。简要介绍目前国内外开展政府网站数据分析的主要技术方法和发展趋势，并介绍本书后续各种数据的来源情况。

第二个层面是政府网站自身的分析与优化，是本书的主体部分，主要由第四、第五、第六、第七、第八章组成。笔者拟从政府网站用户的需求和行为两个角度展开研究。基于用户需求分析，指导政府网站服务内容的改进；基于用户行为分析，指导政府网站服务界面的改进。特别指出的是，在用户访问行为研究方面，本书并不单纯从用户浏览或检索信息行为的基本环节，比如着陆、跳转、检索、浏览、交互、下载等，或者传统用户行为研究中的意向、偏好、动机等分析视角展开，而是着眼于网站服务改进的不同层面，比如页面布局、页面链接结构、栏目体系等进行分析。

第三个层面是对整个互联网的大背景下政府网站外部影响力的分析与优化，由第九章组成。介绍了政府网站信息互联网影响力的评估指标，目前全国政府网站互联网影响力的现状，并结合国外政府网站提升互联网影响力的典型做法，分析了提升政府网站互联网影响力的主要手段。

第四个层面是在综合运用前述各种分析手段的基础上，提出基于数据的政府网站改版规划设计工作，由第十章组成。提出了政府网站改版设计的“五步规划法”，并对中国政府网 2014 年最新改版规划实践进行了介绍。

全书的研究框架如图 2－9 所示。

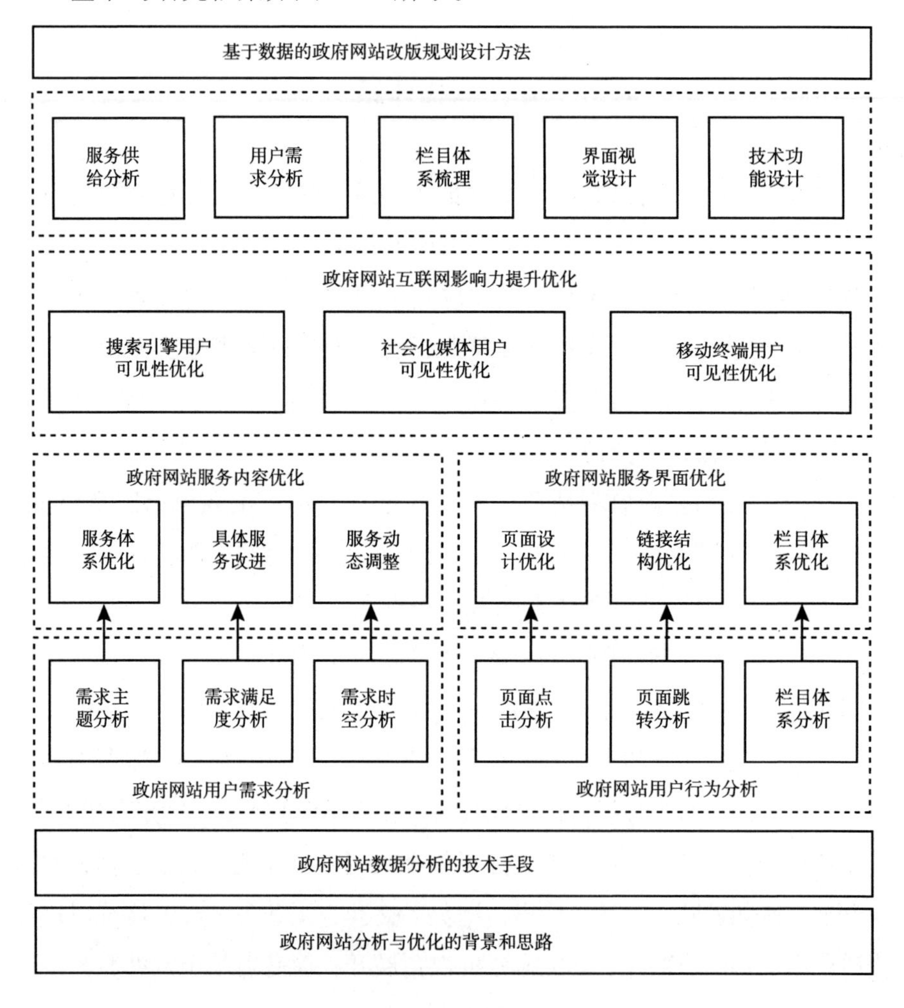

图 2－9　本书的研究框架

在正式展开论述之前，首先对本书所论述的网站用户需求和用户行为进行界定。

1. 用户的服务需求

所谓服务需求，是指互联网用户在政府网站上以自己方便的形式表达出来的使用政府网站上相关服务内容和技术功能的意向和强烈程度。政府网站用户的服务需求的表现形式有以下几种：一是通过搜索引擎来源用户在站外的搜索引擎（如百度等）上输入相关的搜索关键词来判断用户的需求。二是通过用户在网站上使用站内搜索引擎时输入的搜索关键词来判断用户的需求。三是通过用户访问的页面或栏目的数量分布情况反映用户的服务需求。四是通过一些热力图等特殊的用户访问行为监测工具来监测用户的服务需求。第四章中，将对政府网站用户的需求分析技术进行系统介绍，此处不再赘述。

2. 用户的访问行为

所谓政府网站用户的访问行为，指互联网用户在政府网站上浏览内容或使用技术功能的动作序列，政府网站用户的访问行为研究有很多视角。从用户查找信息模式的角度，可以将政府网站用户的访问行为划分为信息浏览行为和信息搜索行为两类。从政府网站用户访问行为的环节角度，可以将政府网站用户的访问行为划分为着陆页、中间页和退出页三个基本环节。从用户访问政府网站的频次角度，可以将政府网站用户的访问行为划分为首次访问行为和重复访问行为。从用户访问动作的角度，政府网站用户的访问行为包括鼠标点击、表单提交、页面跳转、信息输入等多个方面。总之，政府网站用户访问行为是政府网站用户分析的主要内容，也是最为复杂和多样化的部分，本书后文中将对此着重展开分析。

此外，在某些情况下，用户访问行为和服务需求之间并不存在明显的分界线，比如用户鼠标点击固然属于一种用户访问行为，但同时其所点击的位置分布情况还能够反映出用户的需求分布情况，因此它同样也是一种需求的体现。

第三章　分析的技术手段

从全球范围来看，随着大数据、云计算和智能挖掘等新一代信息技术商业模式不断成熟，西方发达国家政府网站建设越来越向智慧化、精准化、主动化的方向发展①。这种全球政府网上公共服务发展趋势的背后，有着深刻的技术变革背景，那就是近几年来政府网上公共服务分析工具的技术创新，开始朝向基于云模式采集用户行为数据、应用大数据分析平台开展用户行为挖掘的模式②转变。近年来，欧美发达国家基于先进的网站智能分析工具，及时发现用户需求热点，精准推送网站服务的做法已经非常普遍，并且取得了良好的效果。与欧美国家相比，我国各级政府网站在用户行为挖掘和需求分析技术上目前所采用的技术路线则相对比较落后，主要以传统的问卷调研、用户访谈和日志分析技术为主。本章对政府网站用户分析的几种基本的数据采集方法，以及相互之间的优劣势进行论述。

一　数据采集的基本方式

1. 传统政府网站用户数据采集方法

传统政府网站数据采集包括线上和线下两种方式。线上用户数据采

---

① 于施洋、王建冬：《政府网站分析进入大数据时代》，《电子政务》2013 年第 8 期。

② Avinash Kaushik：《精通 Web Analytics 2.0——用户中心科学与在线统计艺术》，清华大学出版社，2011。

集主要指政府网站通过在线发布调查问卷等方式，收集网民对于政府网站服务改进的意见和需求。如商务部网站曾做过关于“商务部网站目前存在的主要问题”的调查[①]。调查结果显示，“内容不全不突出，想找的内容找不到”是公众集中反映的问题，反映数量占参与调查公众数量的四成多。根据调查结果，商务部政府网站在后期的改版中更加注重这方面的问题，力求网页界面简洁明了，结构条理清楚。

线下的用户数据采集机制是政府网站在改版和服务优化过程中经常采用的一种数据采集手段，主要包括召开群众座谈会、发放调查问卷、设置征求意见箱、开展民主评议等方式。近年来，我国许多地方政府公共信息服务部门在开展政府公共信息服务活动中，设立多种形式的线下需求表达途径，充分发挥了群众评议监督的积极作用[②]。如湖北省采取“走出去、请进来”的办法，组织社会各界和广大群众对政务公开工作进行评议。湖南省浏阳市每年组织一次“万卷测评”，广泛动员各界人士对入驻政务公开中心的37个窗口单位进行评议和监督。山西省朔州市推行了人民评议制度，有效地促进了政务公开的深入。广东省阳江市各单位在政务公开栏旁设立意见箱和意见簿，公开监督电话，并开辟了“回音壁”进行信息反馈，做到办事有结果，反映有着落，投诉有回音，进一步拓宽了群众参政、议政的渠道。天津市蓟县每年年终组织和发动千家企业、万名群众，采取“面对面评议、背靠背测评、心连心整改”的方法，对政务公开工作进行一次广泛深入的民主评议。内蒙古自治区敖汉旗每年组织两次“万人大评议”活动，发动群众对各部门政务公开的情况进行评议[③]。

2. 基于日志的网站用户数据采集方法

在网络环境下，政府网上公共信息服务的生产、传递、提供和使用

---

① 虞拥国主编《中国政府网站实践者丛书：商务部卷》，人民出版社，2011。

② 邓集文：《当代政府公共信息服务研究》，中国政法大学出版社，2010，第204～205页。

③ 全国政务公开领导小组办公室编《推行政务公开，建设法治政府——全国政务公开经验交流会议文件汇编》，中国方正出版社，2005，第37～84页。

的全过程均在计算机环境中实现，因此可以通过各种技术手段采集政府网站用户的全程用户行为和需求数据，而不需要通过传统的社会调查手段进行抽样获取。基于这样一种技术特性，早在互联网网站兴起不久的1996年前后，基于服务器日志的网站用户数据采集技术就已经比较成熟了。网站服务器日志，是指记录Web服务器接收处理请求以及运行时错误等各种原始信息的以.log结尾的文件。网站服务器日志能够记录网站运营中的各种基础数据，比如服务器空间的运营情况、被访问请求的记录等等。通过服务器日志分析，可以对用户的来源IP地址、访问时间、所使用的操作系统、浏览器、分辨率、访问页面等各个维度的基本信息进行采集，因此能够在一定程度上反映政府网站用户的服务需求和访问行为的基本信息。

基于日志分析技术原理，出现了一批网站分析工具，专门帮助网站管理者对网站性能、网站用户使用行为等网站运行基本情况进行监测、分析和诊断，比较著名的如Webtrends、AWStats等。总体而言，在2002年之前，主流的网站分析工具主要都是基于日志分析的方式，其用户行为数据主要来自网站服务器端用户使用日志，这类软件通常部署在用户的服务器端，采用单机软件服务模式。

3. 基于页面标签的网站用户数据采集方法

2002年，著名网站分析公司Omniture成立，该公司提出了基于SaaS（软件即服务）模式的网站分析架构。Omniture的网站分析工具Omniture SiteCatalyst采用了完全不同于以往的技术架构，即使用网页标签（Page Tags）的方式，在用户网站的网页上嵌入一个JS代码链接地址（非JS代码本身）。用户访问网页时，在客户本地浏览器执行网页，并向网站分析数据中心调用JS代码并在用户本地运行，实时将用户行为数据发送给网站分析数据中心。与基于日志的传统网站分析方式相比，基于Page Tags的网站分析工具所采集的用户行为数据更及时、更准确、分析维度更多，基于它更容易了解行业同类网站的总体情况，对用户来说部署也更简单（仅需要一个账户访问指定地址即可），因此一经问世就很快成为全球范围内电子商务网站开展在线业务精准营销的主流工具①。

从存储方式上看，基于 Page Tags 的网站分析工具一般采用云计算模式，因此提供网站分析的第三方服务商能够十分便捷地掌握全行业的网站用户行为数据，从而为基于大数据技术的行业用户行为分析提供了便利条件。目前，很多国际知名互联网服务提供商，如谷歌、微软、雅虎，中国的百度、腾讯、阿里巴巴等公司均开发了基于网页标签方式的网站分析工具，并提供给电子商务网站应用。此外，一些传统的日志分析工具，如 Webtrends 等也开始同时采用日志和页面标签两种方式来收集相关数据。与这种网站用户行为数据采集方式相对应，在电子商务领域，以大数据分析为基础，趋向于精准营销、主动推送的网站分析技术开始逐渐兴起，并取代传统的网站流量监测技术而成为网站分析的主流技术。

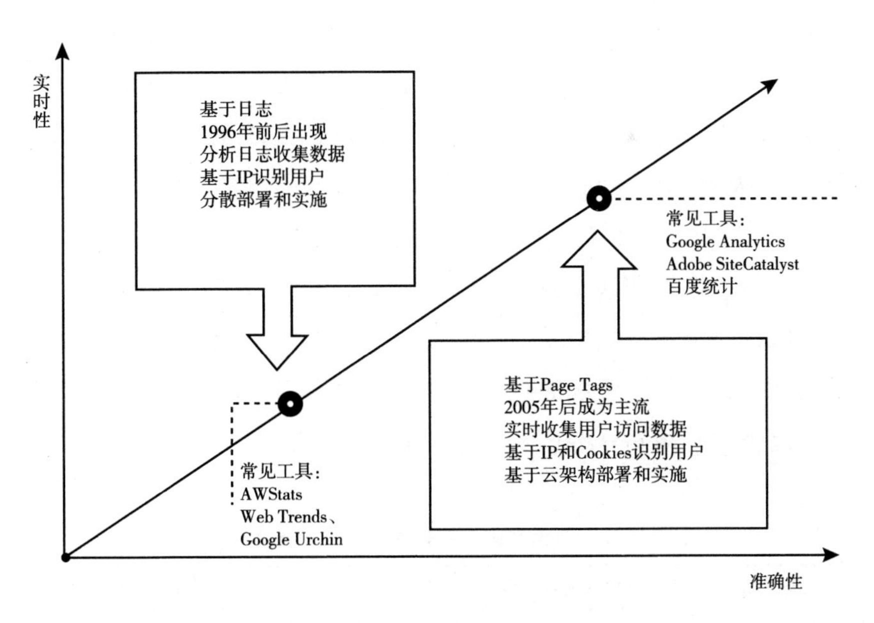

图 3－1　全球网站分析工具发展趋势示意

① 谌力：《商务引发网站分析蜕变》，《网络世界》2005 年 10 月 17 日。

二　技术手段的比较分析

传统的用户数据采集方式脱胎于社会调查领域的数据采集方法，具有针对性强、效果相对可控、技术手段易于实现等优点，但也存在明显不足，首先，数据采集的样本量通常较小，所发现问题的代表性和普适性欠缺。以在线调查为例，并不是所有民众都会选择在网站上提交自己的意见或需求，只有少部分对于互联网比较熟悉，且愿意在政府网站上提交这些内容的用户才会表露其需求。因此采用这些方法所收集的用户需求与完全意义上的随机抽样相比存在一定偏差。此外，随着互联网的不断发展，网络水军、恶意投票等网络作弊方式层出不穷，如果政府网站完全以在线调查等栏目所收集的网民需求作为决策依据，很有可能会被恶意的参与者使用技术手段左右集体投票结果，从而使得政府网站的决策失去科学依据。其次，传统的数据采集方式一般来说时效性不强，大多是在网站准备改版时集中开展一次问卷收集或群众访谈工作，主要采用项目式的运作模式，难以形成随时发现问题、随时改进服务的常态化用户反馈与服务改进机制。随着政府网站的不断发展，这种方法的应用空间和应用范围越来越受到局限，并逐渐让位于基于全数据分析的网站用户数据采集方法。

基于页面标签和基于服务器日志的政府网站数据采集与分析技术都属于非抽样的全用户数据采集方式，其技术原理部分相似。但两者所基于的技术架构和所能实现的技术功能有明显区别。表 3－1 从 9 个方面对上述两类政府网站分析技术进行了比较。

表 3－1　两代网站分析技术优劣性的基本比较

比较层面	传统政府网站监测分析技术	新一代政府网站智能分析系统
1. 技术出现时间	1996 年前后	2007 年前后
2. 数据采集原理	对服务器端用户访问日志数据进行分析	使用网页标签方式，在用户网站的网页加载一小段 java script 代码，采集用户行为数据

续表

比较层面	传统政府网站监测分析技术	新一代政府网站智能分析系统
3. 用户识别方式	基于IP地址判断。但对于机构用户来说容易造成误差(如机构用户内部有多台电脑,但对外往往仅一个IP地址)	基于客户终端识别,一台电脑或移动终端即被识别为一个用户,用户识别的精度更高
4. 分析时效性	主要基于服务器用户行为日志开展分析,属于事后分析,无法真正做到实时监测和动态分析	基于网页JS代码,在用户访问的同时收集数据,属于事中分析。在某些特殊需求,如主流媒体用户行为分析中,时间滞后仅1分钟
5. 分析指标范围	受日志数据所限,所监测的指标仅限于访问量、访问页面地址、用户IP、技术环境等基本指标	除基本指标外,还可以分析访问持续时间、访问路径、鼠标点击、鼠标拖拽等高级行为指标,并支持定制化收集数据
6. 跨平台集成能力	不同技术环境下日志分析需要遵循不同格式,因此跨平台数据集成能力不高	基于页面标签采集数据,能够有效弥补不同平台的技术环境差异性,跨平台数据集成能力较强
7. 软件服务模式	一般为单机软件服务模式,需要配置相应软硬件基础设施,以提供单机流量监测服务为主	采用云服务模式,在网站页面加载一小段代码即可,主要向用户提供大数据智能分析服务
8. 分析深度	一般为截面数据报表展示,不支持多维度交叉分析;不能收集用户访问深度、鼠标动作等与用户体验相关的指标,因此无法开展用户体验分析	一般支持多维度交叉分析,同时因为能够收集与用户体验相关的指标,因此支持访问用户体验量化管理
9. 数据全面性	对部署在同一台服务器上的网页访问情况均进行统计,统计数据全面性较高	主要收集加载了页面标签的网站访问数据,统计数据的全面性较低

通过比较可以看出，作为新一代网站数据采集与分析技术，基于页面标签的网站分析工具相比日志分析工具而言，在绝大多数方面均具有明显优势，概括如下。

1. 对用户访问行为的分析更加深入

由于受日志数据格式所限，传统基于日志的网站分析工具，仅能对用户访问量、访问页面地址、用户 IP、技术环境等基本指标进行收集。而基于页面标签的网站分析工具，除了能够收集上述基础指标之外，同时还能对用户访问网页期间的种种细微行为特征，比如页面停留时间、鼠标点击位置、鼠标拖拽轨迹、表单提交行为等指标数据进行收集。简言之，基于日志的网站分析工具仅能记录用户访问行为的“结果”，而基于页面标签方式的网站分析工具则能对用户访问行为的全过程进行分析。

2. 对政府网站服务决策的支持更加到位

基于日志的网站分析工具，一般仅能对某一时间截面的报表数据进行展示，而无法综合多个指标数据对细分群体的特定行为进行精准分析；同时，如前所述，网站日志分析工具仅能分析用户的访问“数量”，而无法描述用户的访问“质量”（如表单提交情况、页面浏览时间等）。与其相比，基于页面标签的网站分析工具则不仅能够全面展示用户访问的各种信息，而且能够支持对不同维度用户访问行为指标的交叉分析。举例来说，基于页面标签的网站分析系统，能够分析“使用 iPad 操作系统并通过百度搜索引擎来到政府网站的用户在某一栏目上的访问时间”，而一般的日志分析系统则无法做到这一点。

3. 对网站群的综合集成管理能力更加强大

当前，政府网站的发展越来越趋向于集成化、统一化的方向。传统的日志分析工具采用单机软件服务模式，由于不同技术环境的日志遵循不同格式，因此日志分析系统对跨平台数据的集成处理能力受到很大局限。基于页面标签的网站分析工具，其数据采集则能有效避免跨平台的兼容性问题，并且采用云存储的方式集中存放用户行为数据，因此具有强大的跨平台数据集成分析能力。通过建设面向网站群的网站效能管理和决策分析云中心，能够集中展现政府公共信息服务的运转情况，提高政府网站群协同运作能力和集约化管理水平，帮助我国政府网站群更好地服务社会公众、传达社情民意、支撑科学决策。

4. 对网站用户服务需求的响应更加敏捷

基于服务器用户行为日志开展分析，属于事后分析，且受服务器日志管理技术所限，一般较难做到真正的实时监测和动态分析，分析数据的时效性较低，往往只能一周甚至一个月出具一次报告。而基于网页标签的网站分析工具，可以在用户访问网页的同时收集相关数据，属于事中分析。在某些特殊需求，如流媒体用户的行为分析中，基于页面标签的网站分析工具的分析时间滞后能够压缩到1分钟之内。同时，基于页面标签的网站分析工具采用云服务模式，用户可以访问指定网址，随时随地通过互联网导出任意历史时段的数据分析报告，并结合热点探测等数据挖掘工具，将网站用户的需求第一时间展现给网站管理者，从而大大提高了政府网站响应用户需求的效率。

通过上述分析可以看出，基于页面标签的政府网站数据分析技术，很好地符合了大数据技术“3V”特性，即大量化（Volume）、多样化（Variety）和快速化（Velocity）。首先，基于页面标签的政府网站数据分析系统，采用云存储模式，其所采集的政府网站用户行为数据量十分庞大，并支持对整个政府行业系统的用户需求和用户行为特征的全面分析；其次，由于政府网站往往基于不同技术平台建设，其所提供的服务内容也涵盖网页、图像、动画、视频、音频等多种类型，因此基于云模式存储的政府网站用户行为分析系统的数据源具有明显的跨平台、多样性的特征，面向不同平台和内容类型的行为数据格式也十分多样；最后，如前所述，基于页面标签的政府网站分析属于事中分析的方式，其所采集的用户行为数据滞后时间很短，能够十分便捷地帮助政府网站管理者响应网站用户的服务需求。

当然，尽管日志分析技术是一种相对比较传统的网站分析技术，但其发展至今依然具有某些优点，这主要体现在数据采集的全面性上。由于基于日志的网站分析工具主要部署在网站服务器上，因此它可以对在该台服务器上运行的任何网站用户访问数据进行统计，也不会受到客户端浏览器设置等的影响。而基于页面标签的网站分析系统，则仅能收集加载页面标签那部分网页的用户访问数据；同时在极少数不支持 Java Script 等功能的浏览器上，页面标签功能可能会失效，导致数据无法正常收集。因此，基于页面标签的网站分析工具在统计数据的全面性方面要比日志分析工具略低一些。

三　发达国家经验及启示

受电子商务领域网站分析技术发展变化的影响，近年来，全球电子政务发达国家的政府网站开始普遍采用基于页面标签采集数据，并通过云模式开展用户行为大数据分析与挖掘的新一代网站分析技术，实现了以用户体验作为建设和改进网站服务内容的依据，实时捕捉用户需求、及时优化服务界面、精准推送服务内容。

首先，从政府网站分析工具上看，目前美国、英国、澳大利亚、加拿大、日本、韩国、新加坡、荷兰、丹麦、瑞典、挪威、芬兰、新西兰等发达国家中央政府门户网站和联合国门户网站均已部署了基于云服务模式的网站用户行为分析系统。基于这种用户需求挖掘技术，欧美国家政府可以提供更加个性化的政府网上服务，并通过对用户访问规律和点击行为的动态监测，有针对性地改进政府网上服务。

表 3－2　发达国家和国际组织政府网站使用的云分析工具一览

网站名称	网站地址	云分析工具	基本功能
联合国网站	http://www.un.org/en/	谷歌 GA（google-analytics）	汇集数据，实现用户点击流量分析、网页热力图分析、搜索关键词分析、用户访问行为分析、访问时长分析
美国政府门户网站	http://www.usa.gov/	谷歌 GA（google-analytics）	汇集数据，实现用户点击流量分析、网页热力图分析、搜索关键词分析、用户访问行为分析、访问时长分析
		iPerceptions	在线用户数据收集分析软件。收集整体用户满意度、访问的目的和任务完成度数据，整合进谷歌公司 GA 中进行切片分析

续表

网站名称	网站地址	云分析工具	基本功能
英国首相府门户网站	http://www. number-10. gov. uk/	谷歌 GA(google-analytics)	汇集数据,实现用户点击流量分析、网页热力图分析、搜索关键词分析、用户访问行为分析、访问时长分析
澳大利亚政府门户网站	http://australia. gov. au/	Urchin 网络分析软件	实现多平台系统用户行为分析和多站点服务器流量监测
日本首相官邸门户网站	http://www. kantei. go. jp	Urchin 网络分析软件	实现多平台系统用户行为分析和多站点服务器流量监测
加拿大政府门户网站	http://www. canada. gc. ca	谷歌 GA(google-analytics)	汇集数据,实现用户点击流量分析、网页热力图分析、搜索关键词分析、用户访问行为分析、访问时长分析
韩国政府门户网站	http://www. korea. net	谷歌 GA(google-analytics)	汇集数据,实现用户点击流量分析、网页热力图分析、搜索关键词分析、用户访问行为分析、访问时长分析
新加坡政府门户网站	http://www. gov. sg	谷歌 GA(google-analytics)	汇集数据,实现用户点击流量分析、网页热力图分析、搜索关键词分析、用户访问行为分析、访问时长分析
丹麦政府门户网站	http://www. denmark. dk/en	谷歌 GA(google-analytics)	汇集数据,实现用户点击流量分析、网页热力图分析、搜索关键词分析、用户访问行为分析、访问时长分析
		Siteimprove 网络分析软件	Siteimprove 公司为政府网站客户提供了一套网站管理及维护工具,包括 SiteCheck、SearchImprove、SiteAlarm 及 SiteAnalyze 等工具
瑞典政府门户网站	http://www. regeringen. se/	谷歌 GA(google-analytics)	汇集数据,实现用户点击流量分析、网页热力图分析、搜索关键词分析、用户访问行为分析、访问时长分析
挪威政府门户网站	http://www. norge. no/	谷歌 GA(google-analytics)	汇集数据,实现用户点击流量分析、网页热力图分析、搜索关键词分析、用户访问行为分析、访问时长分析
芬兰政府门户网站	http://valtioneuvosto. fi/	Snoobi 网站分析软件	用户行为分析、网站流量监测
新西兰政府门户网站	http://www. nzgo. govt. nz	谷歌 GA(google-analytics)	汇集数据,实现用户点击流量分析、网页热力图分析、搜索关键词分析、用户访问行为分析、访问时长分析

其次，在应用先进的政府网站大数据分析技术的同时，发达国家还高度重视相关研究机构和专业团队的建设。以美国为例，它早在数年前就成立了专门从事联邦政府网站数据分析和决策支持研究工作的机构——美国联邦政府网站管理者委员会网站量化分析分会①。该机构的主要职责，就是帮助美国各级政府网站开展基于大数据分析技术的用户行为研究和服务优化工作，调研不同网站分析工具的技术优劣势，提供基于用户行为分析的网站决策支持服务，为各级政府网站管理部门提供专业网站分析培训等。自成立以来，该机构发布了多部基于大数据分析技术开展政府网站精准分析和服务优化的研究报告②，取得了良好成效。

最后，通过应用先进的网站分析技术，发达国家政府网站能够及时、全面、精细地分析网站用户访问行为，对政府网上服务用户的需求特征和行为规律进行深入剖析，有针对性地改进政府网站服务。如美国政府门户网站（www. usa. gov）应用了大量个性化定制服务的相关技术，用户登录美国政府网站的同时，系统将会自动记录访问者的地址、登录时间、所用的搜索引擎，所关注的主题、信息、页面等并提供后续的个性化服务。英国政府要求政府网站必须收集访问量、页面浏览量等数据，并在此基础上对网站运行情况的评估③。新加坡政府早在2000年就提出政府网站要利用信息技术，在数据分析的基础上不间断地对用户需求进行良好的反馈④。日本政府还基于用户需求挖掘技术，提出“国民电子个人文件箱”的设想，实现世界最先进的“我的专属电子政府”，通过新一代网站用户行为分析系统，帮助网上服务部门及时感知网上服务需求热点，发现政府网上服务短板。这些实践的开展，为我国

① Web Metrics/Analytics Community，http：//www. howto. gov/communities/federal - web - managers - council/metrics.

② Digital Metrics for Federal Agencies，http：//www. howto. gov/web - content/digital - metrics.

③ 姚国章：《英国电子政务发展案例》，《电子政务》2005 年第 Z6 期。

④ 刘会师、曾佳玉、张建光、秦义：《国际领先政府网站的建设经验分析》，《电子政务》2011 年第 1 期。

政府网站的建设提供了良好借鉴。

通过上述分析，得出对我国政府网站发展的如下启示。

首先，经过十余年发展，我国政府网站正面临从单纯强调供给规模向更加注重服务质量的方向转变。我国政府网站应当充分借鉴发达国家过去几年间的成功经验，深入研究和积极应用具有国际先进水平的网站精准量化分析工具，探索出一条“以技术创新促进服务创新、以用户体验引导网站发展、以需求分析带动供给优化”的发展之路，推动各级各类政府网站的发展模式向服务个性化、决策智能化、推送主动化和响应敏捷化方向转型。

其次，作为网站分析技术的两种技术路线，基于日志和基于页面标签的网站分析工具对于网站分析而言均具有不可替代的应用价值。基于页面标签的网站分析工具的数据分析深度、时效性和智能化水平相对较高，适用于需要对政府网站用户行为规律进行深度分析的应用场景。而基于日志的网站分析工具，则具有较高的数据采集全面性，因此在帮助政府网站管理者快速了解网站访问全貌和基本运行情况方面具有良好作用。目前，由于理念和技术所限，我国各级各类政府网站采用的数据分析技术还主要是以日志分析为主。但日志监测方式不但对其用户行为分析的指标范围和数量非常有限，而且无法做到精准分析和量化管理，难以起到有效的决策支撑作用。这种情况长期存在，使得政府网站管理者普遍缺少对用户需求和行为的清晰认知，政府网站所提供的内容及服务不能很好体现用户导向原则。下一步，我国各级政府网站运维管理部门应当对基于日志和基于页面标签的两类技术同时予以高度重视，并按照网站建设的不同需求，灵活应用分析技术，从而切实满足网站发展的需求。但需要指出的是，基于云计算和大数据技术的新一代政府网站分析技术，所采用的技术架构和数据存储方式较为特殊，我国政府网站在采用时，应当有效避免由云存储等技术而引发的数据安全性问题，尽量采用由政府权威机构提供的自主可控的网站分析工具。

最后，我国政府网站应当积极探索基于页面标签和云服务系统研究体现政府网站特色的网站分析与优化方法体系，提升我国政府网站用户热点服务需求识别和快速响应能力，通过对政府网站用户搜索关键词、着陆页面、站内搜索、栏目流量等突变情况的自动探测，迅速捕捉网站用户需求热点，快速提供服务。应当开展政府网站用户体验优化，识别网站服务短板，设计更加合理科学的网站信息架构及服务流程，提升政府网站的用户体验及用户满意度。尽快开展政府网站服务栏目体系优化，引入日志挖掘、社会网络和行为分析等智能化分析手段，通过对网站用户使用行为的跟踪与挖掘，有效指导各级网站优化调整服务体系。此外，基于云计算架构的新一代政府网站分析技术，能够很好地整合跨部门、跨平台、多渠道的政府网上公共服务用户行为数据，从而为各级政府网站管理部门提供决策支持服务。为此，要充分发挥基于页面标签技术的网站群分析工具对于跨平台数据的集成分析能力，以用户需求为中心推进政府网上公共服务体系和信息资源的有机整合。

四　本书的主要数据来源

本书所使用的政府网站用户行为数据，主要来自中国政务网站智能分析云中心所提供的基础数据。为确保政府网站所属机构隐私信息不被泄露，本书所采用的研究数据仅用于反映政府网站服务运行总体情况，并对涉及具体网站的信息进行匿名化处理，仅保留研究所需要的基本内容。

中国政务网站智能分析云中心基于国家电子政务外网管理中心云平台建设，其上运行的中国政务网站智能分析系统（Government Web Dissector，GWD）系列云应用[①]由国家信息中心网络政府研究中心组织研发，具有完全自主知识产权。系统采用了最先进的页面标签技术，以云服务方式向政府网站提供数据服务。自 2011 年上线以来，该云中心

① 中国政务网站服务能力建设网［EB/OL］．http：//www. gwd. gov. cn/。

已经平稳运行两年多时间，并面向全国政府网站提供专业版、诊断版、通用版等多个版本服务系统，其中通用版为面向全国各级政府网站提供的免费网站分析服务版本。

截至 2014 年 8 月，中国政务网站智能分析云中心已为中央政府门户网站和国家发改委、国家民委、农业部、交通部、文化部、卫计委、环保部、人社部、国税总局、工商总局、质检总局、安监总局、国家审计署、国家林业局、中国科学院、测绘局、民航局、旅游局等二十余家中央部委，以及北京、上海、山东、福建、四川、江西、广州、成都等省市近 3000 家政府网站提供数据分析云服务，云中心累计沉淀的网民访问行为数据已超过 4 亿人。

在具体研究中，为对全国政府网站总体用户行为和需求规律有一个相对全面的了解，本书选择了较有代表性的 82 家政府网站进行了统计分析，其中包括 10 家部委网站、22 家省级部门网站、8 家省级门户网站、10 家市区县级部门网站和 32 家市区县级门户网站。数据分析时段为 2013 年 1 月 1 日至 2013 年 9 月 30 日。原始数据采集总量约 5000 万条。后文研究中，除非特别说明，否则所有统计样本数据来源均为上述数据集合。

第四章　用户需求分析

在服务型政府理念大行其道的今天，我国电子政务系统建设迫切需要提高用户需求分析与需求识别的能力。张勇进指出，“在服务型政府建设理念下，以人为本，坚持公民导向，已成为一种共识，这就要求充分尊重个人或群体的公共行为，重视用户需求的个性化和差异化表达，准确挖掘用户需求，提供最为贴近用户的服务方式”。另外，“传统的电子政务建设中，比较重视从系统分析师的角度询问用户的需求，目的是为系统设计提供依据，较少从用户的角度来提供需求，指向用户目前面临的问题，用户的需求和系统的需求、用户的目标和系统的目标经常互不关联，容易出现‘问非所答，答非所问’的结果，这也要求改进需求分析方法”。①

作为电子政务系统中面向公众提供服务的部分，政府网站的建设和优化更是高度依赖用户需求分析的有效开展。《国务院办公厅关于进一步加强政府信息公开回应社会关切提升政府公信力的意见》（国办发〔2013〕100号）指出，要“加强政府信息上网发布工作，对各类政府信息，依照公众关注情况梳理、整合成相关专题，以数字化、图表、音频、视频等方式予以展现，使政府信息传播更加可视、可读、可感，进一步增强政府网站的吸引力、亲和力”②。政府网站用户需求识别，需

① 张勇进：《电子政务需求识别》，国家行政学院出版社，2012，第5页。

② 《国务院办公厅关于进一步加强政府信息公开回应社会关切提升政府公信力》［EB/OL］，http：//politics. people. com. cn/n/2013/1015/c1001 -23204203. html。

要充分体现以网站服务对象为中心，符合网站用户信息消费行为特点，有效识别社会公众网上公共需求，对接政府公共服务网上供给和网页信息展现编排①。本章对基于大数据技术的政府网站需求分析进行系统介绍。

一 用户需求的表达方式

用户需求本身是一个主观的概念，但在特定的信息系统中，用户需求总是以某些文本、符号或动作集合的方式表达出来。在政府网站中，用户需求的表达主要表现为以下几种方式。

1. 站外搜索关键词

站外搜索关键词，就是用户在搜索引擎上搜索框输入的文字，可以是任何语言文字、数字，或文字与数字等的混合体，这些关键词代表了用户在使用搜索引擎时对特定信息服务的需求。但需要指出的是，站外搜索关键词只能在一定程度上代表用户对于政府网站的真实需求，它可能会因搜索引擎的技术功能局限而存在偏差。比如某政府网站的某类服务页面没有被搜索引擎收录，那么用户即便对该政府网站的服务有需求，并且在搜索引擎上输入相关检索词进行了搜索，也会因为在搜索结果中找不到该政府网站相关信息，而无法在政府网站的站外搜索词中找到该类需求。在这种情况下，站外搜索关键词只能反映一部分甚至只是一小部分搜索用户的需求。

2. 站内搜索关键词

站内搜索关键词，就是用户在使用政府网站站内搜索功能时输入的

① 张勇进、杨道玲：《基于用户体验的政府网站优化：精准识别用户需求》，《电子政务》2012 年第 8 期。

搜索文本。站内搜索是一种帮助网站用户快速找到网站中所包含的目标信息的技术。站内搜索一般在形式上包括两个要件：搜索入口和搜索结果页面，但在其后台架构上是比较复杂的，其核心要件包括：中文分词技术、页面抓取技术、建立索引、对搜索结果排序以及对搜索关键词的统计、分析、关联、推荐等。目前，一般政府网站均开通了专门的站内搜索引擎功能，用户在站内搜索上输入的检索词相对而言能够最为准确和真实地反映用户的真实需求，这使得站内搜索词对于用户需求的辨识度要高于站外搜索词。

分析政府网站用户站内搜索需求的另一个重要方面是用户站内搜索的发起页，即用户在网站中发起站内搜索活动的所在页面。用户使用站内搜索主要有两种情况，一种是用户非常明确想要什么服务，往往着陆到网站后即刻发起搜索，另一种情况则是用户在浏览查找过程中遇到困难，不得不求助于搜索功能。所以，除着陆页以外的搜索发起页的页面就十分重要，这些页面很可能是用户遇到困难的页面。

当前政府网站站内搜索发起页的分布取决于两个因素：首先，是用户本身开展站内搜索的需求强烈程度，比如政务公开栏目中的信息量较大，浏览无法快速找到信息，因此用户会选择站内搜索的方式快速找到所需信息；其次，是网站站内搜索功能在各栏目的覆盖率，目前政府网站的站内搜索覆盖面较窄，很多栏目不具有搜索功能，这也会导致用户站内搜索发起页集中在某一两个栏目之中。对于网站管理者来说，首先要扩展站内搜索发起入口在网站上的覆盖面，这样即使用户在搜索时实际覆盖的信息内容不能达到所有栏目，但至少可以帮助管理者定位用户站内搜索需求的集中区域；在此基础上，找出站内搜索覆盖的需求最强烈的栏目，加以针对性的改进。

除以上两类搜索关键词之外，政府网站的用户需求还有其他表现形式，比如用户访问的页面集合分布以及在关键页面上的鼠标点击分布情况等，实际上都能够反映用户的需求。但如前文所提到的，上述两类信息需求同时也是用户行为的一种具体体现。为便于论述起见，本章所分析的用户需求主要指用户通过站内和站外搜索关键词体现出来的需求内容，对于用户页面访问和页面点击情况，将在后文第五、第六两章进一步介绍。

二 用户需求的主题分析

据笔者对政府网站数据的不完全统计，政府网站用户的站外搜索关键词和站内搜索关键词的数量之比约为5.5∶1，本书着重探讨面向站外搜索关键词的需求分类方法，提出了一套针对用户站外搜索关键词的需求分类框架，对样本政府网站的数据进行了分类统计。

1. 站外搜索关键词语义分类框架

政府网站用户需求带有明显的以政府行政工作和社会公共话题为核心的特征。结合对政府网站用户需求的前期调研，我们提出了一套面向政府网站用户站外搜索关键词的语义分类框架。将政府网站用户的站外搜索词划分为8类，就各类关键词的包含内容及提取逻辑说明如下①。

（1）人名职务词。人名职务词主要包括三部分。

第一类是职务职称词。指关键词中包含各类职务、职称词的情况，如省长、秘书长、区长、审判长、委员、监狱长、村长、调研员等。下文通过人工梳理的方式总结了党政机构和公共机构的常用职务职称的后缀词库，参见表4-1。

第二类是名人姓名词。本书课题组手工收集了政治人物、历史名人、文化名人词、当代社会知名人士等姓名信息。匹配逻辑是在关键词中包含各类名人姓名词。

① 此处所指的政府网站主要指各地区的政府门户网站，部委网站和地方政府部门网站带有较为明显的业务特征，其需求分布规律与门户网站相比具有较大差异。

表 4-1 常见职务职称词后缀列表

分类	代表词
职务词	协管员、代表、干部、委员会成员、助理员、委成员、班子成员、部长、领导、队长、监督员、组织委员、委员、参谋、参谋长、行长、常委、处长、村长、副部、副处、副局、副科、干事、股长、国务委员、会长、监狱长、检察长、局长、军长、科长、理事、理事长、连长、小组成员、小组组长、旅长、秘书、秘书长、排长、区长、社长、审判长、省长、师长、市长、副市长、书记、司令、司令员、所长、台长、调研员、厅长、庭长、团长、委员长、县长、乡长、校长、巡视员
职称词	教授、讲师、助教、助研、馆员、医师、护师、经济师、工程师、研究员、实验员、技术员、经济师、经济员、会计师、会计员、统计师、统计员、教员、高级教师、研究实习员、实验师、实验员、农艺师、技术员、兽医师、畜牧师、编审、编辑、设计员、一级校对、二级校对、三级校对、译审、副译审、翻译、助理翻译、高级记者、主任记者、记者、助理记者、高级编辑、主任编辑、编辑、助理编辑、管理员、播音指导、播音员、医士、药师、药士、护师、护士、技师、技士、美术师

第三类是常见人名词，提取逻辑是：如果关键词长度小于或等于3，则通过判断关键词第一个字或第二个字是否属于常见姓氏，以及该关键词是否属于其他类别来综合判断其是否属于人名词；如果关键词长度大于3，则通过扫描其中出现“百家姓+常见人名组合”的方式进行判断。表4-2列出了课题组通过对互联网海量语料库进行统计后得出的100组较为常见的人名词组合。

（2）公务公文词。公务公文词库包括以下几个部分。

第一类是公文及相关文体结尾词。人工梳理出政府网站用户站外搜索词中常见的公文及相关文体结尾词，如总结、公报、公告、规定、函、警示语、承诺书、议程、备案表、变更表、承诺表、自评表、表决书、策划书、倡议书、告知书、计划书、建议书、结论书、决定书、评价书、申请书、授权书、通知书、同意书、委托书、邀请书、意见书、证明书、手抄报、宣传语、走访笔记等。

第二类是公务员日常工作相关词，如督察、安全保卫、挂职锻炼、监察、突发事件、考评、例会、成果展、示范单位、示范岗、示范点、安全生产月、分类定级、定级、编研、编制、督查、标兵、文明单位、典型、共建、分解、成员单位、下属单位、安全保卫先进单位等。

表 4－2 常见人名词组合

序号	人名组合	序号	人名组合	序号	人名组合	序号	人名组合	序号	人名组合
1	婷婷	21	冬梅	41	艳丽	61	海英	81	菲菲
2	海燕	22	海波	42	晓峰	62	彩霞	82	玉梅
3	晶晶	23	红霞	43	小平	63	志勇	83	艳玲
4	建华	24	文娟	44	海霞	64	春艳	84	明明
5	丽丽	25	丽君	45	芳芳	65	琳琳	85	丽霞
6	丽娟	26	莉莉	46	建明	66	建伟	86	红艳
7	俊杰	27	晓红	47	晓丽	67	娟娟	87	晓敏
8	丽娜	28	丽华	48	小燕	68	博文	88	秀娟
9	玲玲	29	国强	49	佳佳	69	旭东	89	文婷
10	海涛	30	振华	50	晓明	70	小红	90	文君
11	建军	31	志刚	51	志华	71	子涵	91	文华
12	志强	32	雪梅	52	国华	72	云飞	92	春华
13	媛媛	33	建国	53	晓霞	73	美玲	93	国栋
14	丽萍	34	文杰	54	宏伟	74	海龙	94	秀英
15	晓燕	35	春燕	55	志伟	75	晓华	95	小芳
16	鹏飞	36	珊珊	56	晓玲	76	文博	96	鹏程
17	红梅	37	文静	57	艳艳	77	伟伟	97	丽芳
18	丹丹	38	海峰	58	卫东	78	倩倩	98	晓娟
19	建平	39	莹莹	59	浩然	79	丽红	99	小龙
20	晓东	40	一鸣	60	春梅	80	建新	100	一凡

第三类是与公务员思想建设相关的关键词，如反思、感想、有感、回头看、创先争优、自我批评、感想、反思、生活会、廉洁高效、带头、廉政风险、惩戒、职务犯罪、职业道德、惩腐、在我心中、自我批评、党建、党课、民主生活会等。

第四类是公务员日常专题工作相关词，如宣传周、标兵、文明单位、先进集体、先进社区、效能提升年、责任落实年、组织建设年、活动月、道德月等。

（3）办事服务词。人工提取关键词结尾符合办事服务词库特征的词。办事服务词库包括以下几类。

第一类是办事动作词，如复查、注销、报到、注册、填报、挂失、罚款、缴存、缴纳、报销等。

第二类是办事客体词，即政府办事服务过程中涉及的各类办事客体，如转办单、通知单、清单、证明单、验收单、时间表、补缴计算表、电表、注册表、测产表、价表、时刻表、报名表、申领表、税率表、证明表、审批表、申请表、审表、验收表、换证表、合格书、合同书、缴款书、认定书、确认书、结算书、收据、票据、执法依据、收费依据、计税依据等。

第三类是办事事项词，即表示一类办事事项的词，它又可以划分为以下几类。

表 4－3　办事事项词分类

分　　类	代表词
税费缴纳	座机费、报名费、抚养费、检验费、费、工本费、资费、学费、水费、税费、管理费、施工费、电费、鉴定费、报建费、缴费、收费、手续费、处置费、使用费、购置税、退税、契税、个税、所得税、缴税
证卡办理	公交卡、市民卡、公积金卡、贷款卡、电卡、安置卡、医保卡、办证、上岗证、资格证、合格证、换证、公证、旅行证、通行证、婚证、登记证、许可证、准刻证、代码证、凭证、枪证、权证、光荣证、驾驶证、准生证、结婚证、运输证、失业证、执业证、毕业证、使用证、婚育证、设置证、安置证
社保事项	退休金、保金、维修资金、互助金、保障金、优抚金、公积金、基金、养老金、抚恤金、保证金、补偿金、参保、社保、医保、养老保险档次
购房租房	购房、保障房、廉租房、适用房、经适房、拆迁、二手房、商品房、限价房、公积金封存
其　　他	户口、电价、年审、安检、年检、牌号、限号、尾号、挂号、选号、摇号、购车、审车等

（4）政府机构词。政府机构词，即与政府部门和事业单位相关的关键词。通过对全国各级各类部、委、办、局、厅、处等政府机构名称及缩写词的梳理，构建了政府机构后缀词词库。通过后匹配的方式，将以政府机构后缀结尾的关键词纳入政府机构词类别中。

（5）其他机构词。其他机构词主要包括以下几类：

第一类是经营性单位词，即以诸如公司、茶城、咖啡厅、金融城、夜市、营业厅、塑料城、交易会、家具城、酒店、皮革城、菜市场、餐馆等为后缀的词。

第二类是事业单位词，即以诸如医院、文化活动室、托儿所、敬老院、火葬场、看守所、监狱、大学、研究所、中学、信息中心等为后缀的词。

第三类是著名企业品牌词，即以诸如家乐福、肯德基、沃尔玛、三星、富士康、奥特莱斯等知名品牌中文名称为后缀的词。

（6）文化旅游词。文化旅游词的提取方案包括以下三个方面。

第一类，基于上海辞书出版社出版的《中国名胜词典》电子版文档①，收集全国的4781条名胜古迹名称，采用全文匹配的方式提取关键词，如峨眉山、青城山、都江堰等。

第二类，提取具有共性的景点结尾词，采用结尾匹配的方式提取关键词，如科技馆、冰雪世界、水上世界、海洋世界、动物世界、海底世界、玫瑰园、动物园、体育城、大舞台、风情街、博览园、博览会、音乐厅、纪念馆、艺术村、纪念碑、博物馆、美食街、礼拜堂、影视城、景观台、大观园、保护区、民俗村、度假村、度假区、美术馆、生态园、天文台、植物园、海洋馆、旅游区、风情园、纪念塔、纪念堂、纪念亭、纪念园、烈士墓、清真寺、天文馆等。

第三类，提取旅游活动内容的关键词，采用结尾匹配的方式提取关键词，如垂钓、采摘、踏青游、短途游、旅行、自由行、好去处等。

（7）地名区划词。地名区划词提取方案包括两条路径。

首先，提取地名区划词的共性结尾，采用结尾匹配的方式提取关键词，如社区、街道、镇、乡、港、经济合作区、出口加工区、科技园

---

① 国家文物局主编《中国名胜词典》，上海辞书出版社，2003。

区、物流园区、产业园区功能区、发展区、工业区、创业园、产业城、试验区、大学城、城市群、都市圈、未来城、科技园、示范村、工业园、度假区、贸易区、示范区、投资区、经济区等。

其次，收集全国乡以上行政区划名称，并采用全文匹配的方式提取关键词。

（8）非中文词。提取用户输入站外搜索关键词中不包含任何中文字符的关键词，并纳入这一类别。

2. 站外搜索关键词的主题分类

通过对样本政府网站数据的统计分析，将目前我国政府网站站外搜索关键词的主题划分为政府机构名称、公务公文词、办事服务类、人名和职务关键词、文化旅游类、地名区划类、其他机构名称、非中文关键词等八类，其中政府机构名称、公务公文词、办事服务类用户访问量排名前三，占比分别为26%、24%、16%，是最主要的需求类别。各类关键词的比例分布情况如下。

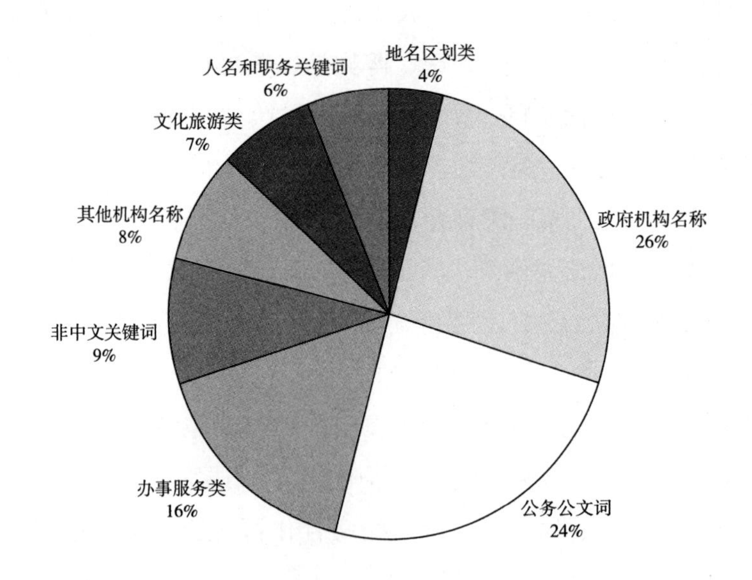

图4－1 样本政府网站用户需求情况分布

（1）政府机构名称词。这类用户搜索关键词实际上对应的用户行为是通过搜索引擎查找政府网站域名地址，通过搜索引擎访问政府网站首页并继续查找相关信息。这类搜索引擎用户将政府网站信息查找行为划分为两个基本步骤：第一步是通过搜索引擎找到相关政府网站，第二步则是在政府网站上通过浏览或站内搜索等方式继续查找所需的具体服务或信息。因此这一类用户搜索关键词尽管比例很高，在几乎所有政府网站上都属于搜索流量最高的一类关键词，但它并不能直接反映用户的需求主题，而需要继续结合这类用户来到政府网站之后的点击流行为加以系统分析。

（2）公务公文词。结合前文所提到的用户需求分类体系框架可以看出，这类搜索关键词背后所对应的用户群体很多情况下以公务员居多。公务员在日常工作中，在需要撰写各种与日常工作相关的文档、报告、表格等材料时，往往会选择通过搜索引擎查找同类型文件作为参考材料。对于这类用户而言，他们在搜索引擎上选择搜索结果时，同类型的政府网站相关信息是其首选。从这一分析也可以看出，政府网站应当将公务员用户群体作为网站服务的一类重要受众加以重视。有条件的政府网站可以尝试推出一些专门面向公务员用户群体的专题服务，如交流园地、公文范文等。

（3）办事服务词。办事服务词对应了政府网站上提供的各类公共服务事项信息，这类关键词最能够反映社会公众对于政府网上公共服务的真实需求。从用户需求主题上看，办事服务词中，用户需求量最大的还是与民众衣食住行相关的各种事项，如社区管理、交通投诉、出入境手续、公积金等。表 4－4 列出了本书所统计样本数据中办事服务类用户访问流量最高的几个关键词。

表 4－4　样本政府网站用户办事服务类热门关键词

编号	关键词	编号	关键词
1	社区管理	5	良种补贴
2	编制查询	6	交通执法
3	交通投诉	7	出入境办理
4	施工资质	8	公积金提取

3. 不同类型政府网站用户站外搜索词主题分布的差异性

为进一步分析不同类型政府门户网站用户站外搜索需求分布的差异性，此处进一步选取了部委门户、省级门户和市区县门户三类政府网站，比较了上述8类用户搜索关键词的分布情况，如图4-2所示。

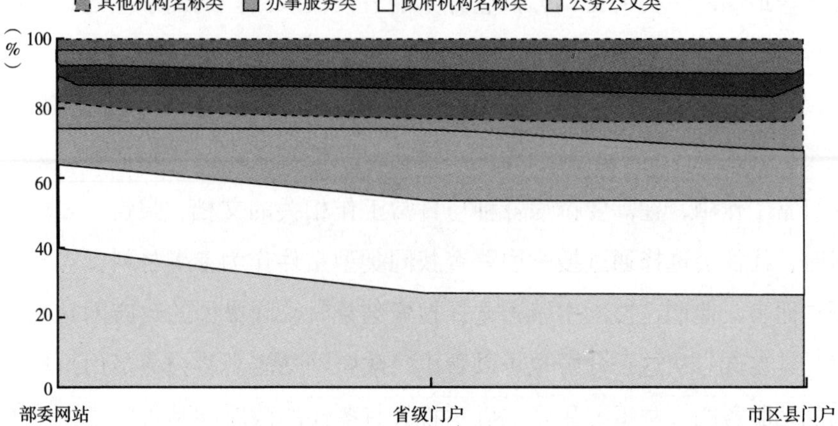

图4-2　三类政府网站用户站外搜索关键词的主题分布差异比较

从图4-2可以看出：

（1）三类政府网站用户中，直接查找政府机构名称词的用户比例分布基本相同，说明这类用户的需求与政府网站业务特征无关，不会因为政府网站的业务层级或业务结构变化而出现波动。

（2）部委门户网站用户中，公务公文类用户搜索关键词比重明显高于省级门户和市区县门户。一方面，由于搜索这类关键词的很多为政府公务员用户，这类用户在选择搜索结果时，往往会出于对信息权威性的考虑而更加倾向于选择部委政府网站上相关信息。另一方面，中央部委本身是文件发布量最大的提供者，发布文件是部委网站的主要功能。

（3）办事服务词中，省级门户网站的用户需求比重明显高于部委门户和市区县门户网站。这可能主要是由两个原因造成的：一是省级门户网站与部委门户网站的业务职能定位各有侧重，部委门户网站偏重政策发布、信息公开等内容，而地方门户网站则更加注重在线办事服务的提供。二是省级政府门户网站相比基层政府网站而言，其服务规模更大、服务水平更高，网站上提供的公共服务事项更加齐全，因此吸引更多有办事服务需求的用户访问。

（4）市区县级政府门户网站上的其他机构名称词需求比例显著高于部委网站和省级门户网站。如前所述，搜索其他机构名称词的用户，大多关注各类企事业单位的信息。由于基层地方政府与经济社会的实际运行联系得更加密切，基层政府门户网站上往往发布有较多与当地的知名企业、知名品牌、重要公共服务机构相关的信息，从而较好地满足了这类用户的信息查询需求。这也提示我们，越是基层的政府门户网站，越应当注重与经济社会运行的一线实际密切相关的信息，如本地的名企名品、文化名人、教育机构、社会服务机构、公益机构等信息，从而满足当地社会公众的信息服务需求。

三　用户需求的主题聚类

针对政府网站用户站外搜索词的主题分类框架，能够帮助我们大致了解不同类型政府网站用户对于网站信息服务的需求分布。但这种分类是比较初级的，难以帮助网站分析人员详细地了解政府网站用户的需求情况。对于政府网站而言，其用户搜索关键词往往是海量的。据笔者统计，一个省部级政府网站每年积累的用户站外搜索关键词数量平均在100万个左右。要想处理如此之多的搜索关键词，就需要依靠文本聚类的方法对政府网站关键词进行进一步分析。但政府网站用户站外搜索词的一个特殊问题，是这些站外搜索关键词的字符长度一般较短。我们对政府网站用户站外搜索关键词长度的统计发现，政府网站用户站外搜索关键词平均字符长度为8.63个，站内搜索关键词为5.78个。图4－3、图4－4显示了政府网站站外和站内搜索词的字符长度分布情况。

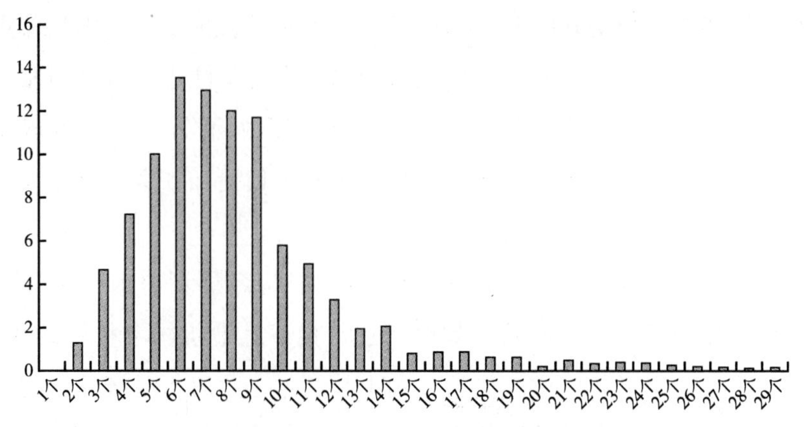

图 4-3 政府网站站外搜索词的字符长度分布情况

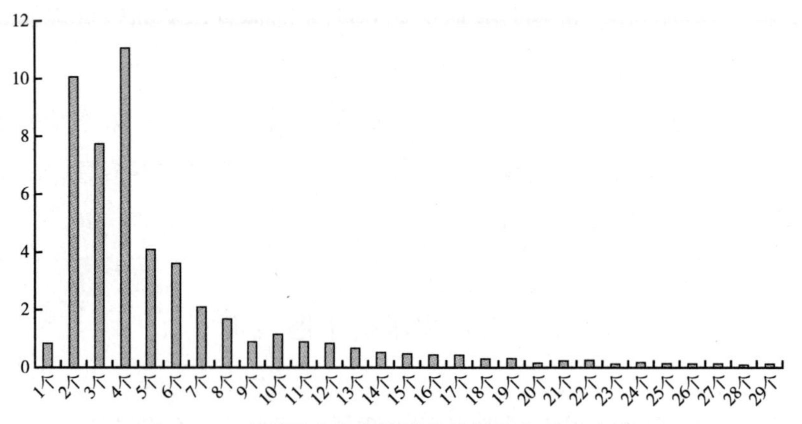

图 4-4 政府网站站内搜索词的字符长度分布情况

从以上这两个图可以看出，政府网站用户站外和站内搜索词的长度普遍不长，站外搜索词绝大多数集中在 5 到 9 个字符之间，站内搜索词则集中在 2 到 4 个字符之间。由于对关键词进行语义分析所凭借的文本信息量很少，因此常用的自然语言处理手段，如向量空间模型等均难以取得理想效果。因此，本书提出了一种基于编辑距离算法的用户搜索关键词主题聚类方法。

编辑距离（Edit Distance），又称 Levenshtein 距离①，是由俄罗斯科

① 陈伟、丁秋林：《数据清理中编辑距离的应用及 Java 编程实现》，《电脑与信息技术》2003 年第 6 期。

学家 Vladimir Levenshtein 在 1965 年提出的。所谓编辑距离，是指两个字串之间，由一个转成另一个所需的最少编辑操作次数，许可的编辑操作包括将一个字符替换成另一个字符、插入一个字符、删除一个字符三类。例如："北京市机动车违章查询"和"北京机动车违章查询入口"的编辑距离为 3，因为从前者转换为后者，需要做一次删除操作（"市"）和两次插入操作（"入"和"口"）。编辑距离是一种适用于字符串长度不大且彼此长度相仿的字符串之间字面相似度比较的一种算法，目前在 DNA 分析、拼字检查、语音辨识、抄袭侦测等方面得到了较为广泛的应用。

由于政府网站用户站内站外搜索词不长，且大部分关键词的长度差异不十分明显，因此本书运用计算机程序实现了一个基于编辑距离算法的站外和站内搜索关键词聚类算法，其基本思路是：两两判断关键词之间的编辑距离，同时使用关键词字符长度的差异性作为调整变量，将其作为关键词的相似度，并自动输入前 N 个规模最大的高相似关键词团。

表 4－5 显示了针对 A 市政府门户网站上办事服务类站外搜索关键词的聚类分析后形成的 3 个关键词团。

表 4－5　三个关键词团

聚类词团 1	聚类词团 2	聚类词团 3
港澳通行证	A 市暂住证如何办理	A 市住房公积金管理中心
港澳通行证办理流程	暂住证	A 市公积金管理中心
台湾通行证	暂住证如何办理	住房公积金
台湾通行证办理流程	A 市暂住证	A 市住房公积金
A 市港澳通行证办理流程	A 市办理暂住证	公积金管理中心
A 市港澳通行证	A 市暂住证办理流程	A 市公积金
办理港澳通行证需要什么	暂住证办理流程	住房公积金管理中心
港澳通行证办理	A 市暂住证办理	A 市住房公积金中心
A 市办理港澳通行证	办暂住证需要什么	A 市公积金中心
A 市港澳通行证	暂住证办理	住房公积金查询
办理港澳通行证	办理暂住证	A 市住房公积金
如何办理港澳通行证	如何办理暂住证	公积金中心
A 市办港澳通行证	办理暂住证需要什么	A 市住房公积金提取

四　用户需求的时空演化

政府网站用户需求与社会公众的政治、经济、文化生活密切相关，往往带有明显的时空变化规律。因此，在政府网站需求识别框架中，整个分析工作都是在访问时间和页面空间构成的时空轴内展开，不是基于一套静止的截面数据①。分析政府网站用户需求的时空变化规律，有助于帮助政府网站制订更加有针对性和动态化的服务策略。

1. 用户需求的时间演化分析

政府网站用户的服务需求，会随着不同时间段经济社会发展的变化而变化。基于样本政府网站用户的需求主题数据，笔者对政府网站用户在 2013 年 1 月到 2013 年 9 月间访问流量最高的前十名关键词进行分析，如表 4－6 所示。

表 4－6　政府网站 2013 年 1～9 月热点需求关键词

月度	需求热点
1 月	八项规定、收入支出决算表、严控机构编制、食品安全、全国农业工作会议、“十二五”规划、社保缴费查询、公积金查询、港澳通行证、会计证
2 月	贯彻落实八项规定、社保审计、生态文明、元宵节、招聘信息
3 月	乡镇机构改革、国务院机构改革、三定方案、十八大、事业单位分类、部际联席会议、学习雷锋
4 月	政府机构改革、两会经济热点、春季森林防火、中国梦、雅安地震
5 月	事业单位分类目录、美丽中国、芦山地震、爱鸟周、毒生姜、百人计划
6 月	驾照消分新规、事业单位改革、中小微企业、安全生产、神舟十号最新消息
7 月	特种设备安全法、防汛、体制改革、美丽中国、最难就业季
8 月	持续高温、行政改革、习近平在河北调研讲话、工业地产政策、群众路线
9 月	廉洁自律、大气污染治理、城镇化、群众路线、教师节、黄金周

从表 4－6 可以看出，不同月份中用户需求热点主要与以下两方面的因素密切相关：一是中央推出的重大举措、重大改革、重要会议、重要政策

① 张勇进、杨道玲：《基于用户体验的政府网站优化：精准识别用户需求》，《电子政务》2012 年第 8 期。

等。如1～2月份的八项规定及其相关词，1月份的全国农业工作会议，8～9月份的群众路线学习相关词，5月、7月的美丽中国相关词，以及1～8月份持续被关注的各级政府机构和事业单位改革等信息，都是与2013年中央推出的各项重大改革举措密切相关的信息。二是各月发生的节庆活动、重大灾害、公共事件等与群众日常生产生活关系密切的事件。如2月份的元宵节，4～5月份的雅安地震相关词，5月份的毒生姜事件，7月份的最难就业季，8月份的持续高温，9月份的大气污染治理、教师节等。

政府网站用户的需求热点变化，具有随社会热点发展变化而变化的特征，这些需求热点在搜索引擎等互联网传播渠道上也存在共振效应。以“群众路线教育实践活动”为例，通过数据分析可发现，在政府网站上8～9月份该词进入了相关需求的高峰期。而在主流搜索引擎上，这类用户需求在同一时段同样进入高峰期。图4－5显示了百度指数中统计的近一年互联网公众在百度搜索引擎上搜索“群众路线教育实践活动”检索词的频次变化。可以看到，在6月份之前，互联网用户搜索相关信息的人数一直不多，进入6月份后，随着各级群众路线教育实践活动逐渐进入高潮，互联网用户对于相关信息的需求也进入了高峰期，这种事件分布规律是与政府网站用户的需求变化高度相关的。

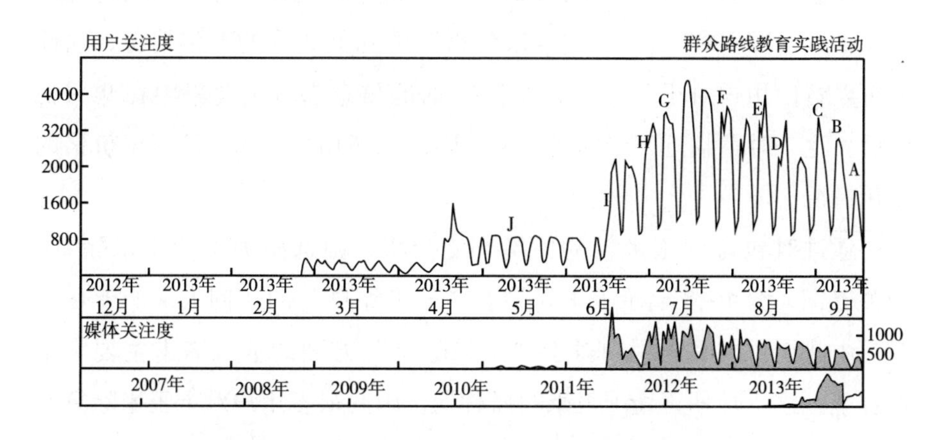

图4－5　群众路线教育实践活动百度指数变化

说明：相关数据由百度指数（http：//index. baidu. com/）提供。

具体到某一类特定用户服务需求，也会随着不同时间段事件的变化而出现服务需求内容的内在迁移。笔者曾对某农业政府部门网站上用户对于“玉米”及其相关服务需求主题在一年时间内的变化情况进行了分析。图4-6显示了关于“玉米”的访问人次的变化情况。可以看出，用户对于“玉米”的信息需求主要集中在春季和秋季两个时间段。

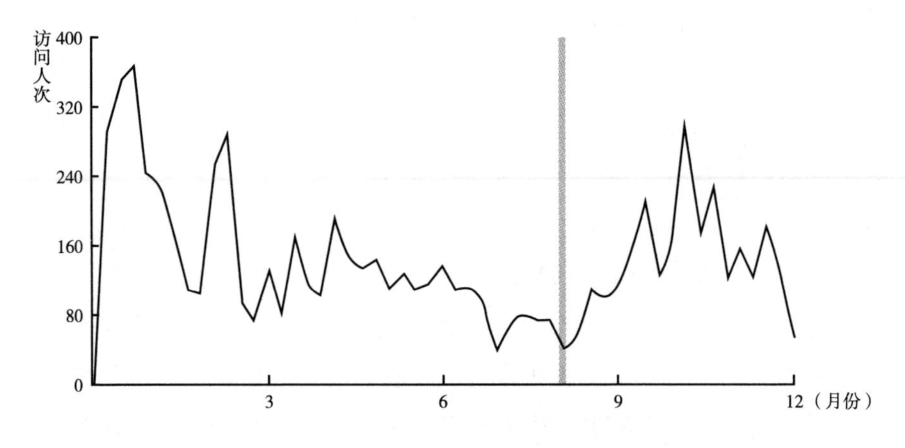

图4-6 关于“玉米”的访问人次变化情况

通过对包含“玉米”的关键词的分析，筛选出关于“玉米价格”的关键词。图4-7显示了“玉米价格”的访问人次的变化情况，由此图可以看出用户对于“玉米价格”方面的信息需求主要集中在9月份前后。这一时期临近玉米的成熟期，因此很多用户开始关注玉米价格的变化情况。

通过对包含“玉米”的关键词的分析，筛选出关于“玉米除草”的关键词，图4-8显示了访问关于“玉米除草”的访问人次的变化情况，由此图可以看出用户对于“玉米除草”方面的信息需求主要集中在春季。这一时期正处于玉米的播种期，因此很多用户对于玉米除草和病虫害防治等信息关注较多。

通过上述分析可以看出，用户对于某一类农产品信息的需求与该农

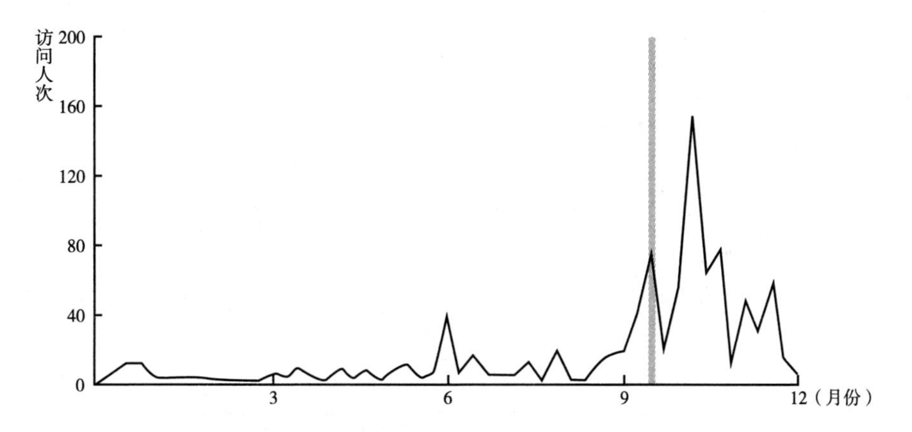

图4－7　关于“玉米价格”的访问人次变化情况

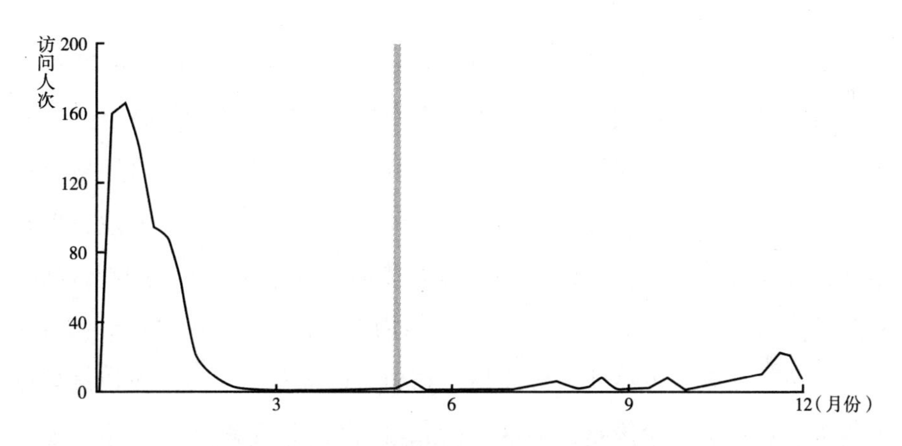

图4－8　关于“玉米除草”的访问人次变化情况

产品的生长、种植特点是一致的。农业政府网站用户的需求信息与农业生产活动规律高度相关，并且呈现动态变化的特征。

在重大突发事件发生后，网民对于政府网站服务的需求同样会呈现十分显著的时效性。2013年四川雅安地震发生后，我们对四川省、成都市、雅安市、天全县、宝兴县等受灾区的政府门户网站上网民关于抗震救灾工作的相关搜索关键词进行了统计分析，并根据各搜索关键词的搜索日期和访问人次绘制震后七日内网民需求的变化趋势图，见图4－9。

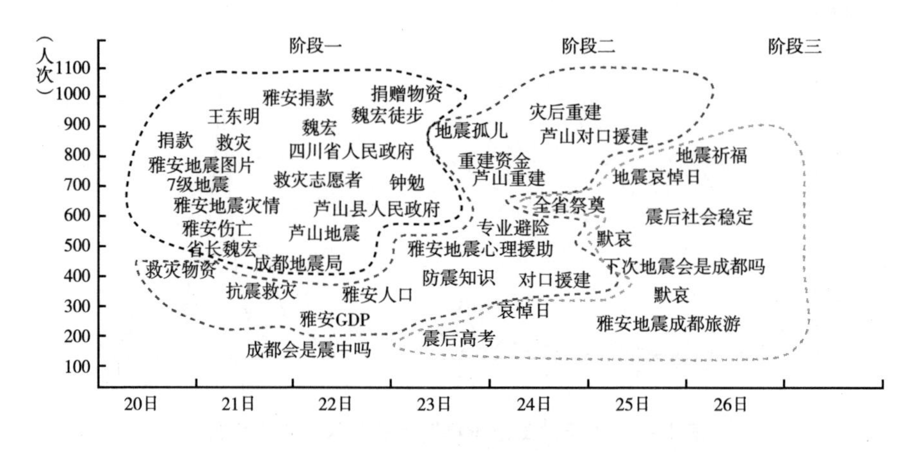

图 4-9　震后七日内网民需求散点分布阶段

从图 4-9 可以清楚地看到：雅安地震发生后的 7 天内，网民对各级政府部门的抗震救灾工作信息的需求变化呈现明显阶段性特征。从总体上看，网民对地震灾情、地震相关政府机构、地震相关政府领导、地震救灾捐赠工作、地震区域基本情况、地震科普知识、灾后重建、未来地震预警、震后生产生活恢复、震后祭奠悼念等十类信息的需求较大。从时间上看，这十类需求可划分为三个阶段：第一阶段是震后 1～2 日，地震灾情、地震救灾捐助、政府领导和相关机构参与救灾工作信息等成为需求热点；第二阶段是震后 3～4 日，网民开始搜索灾后重建、地震科普知识等相关信息；第三阶段是震后 5～7 天，受中国传统习俗“头七祭奠”的影响，互联网公众开始大量关注与震后祭奠和集体悼念活动相关的信息，并对未来地震预警、灾后重建、震后生产生活恢复等信息具有较强需求。

2. 用户需求的地域差异分析

政府网站用户需求的地域差异性主要由来自行政辖区内外、国内外用户对于一级政府的公共服务需求的差异性所决定。笔者以样本政府网站中的省级政府门户网站和省级部门网站为对象，分析了省内用户、国内省外用户以及国外用户三类不同地域用户在各项基本需求分类中的差异性。如图 4－10 所示。

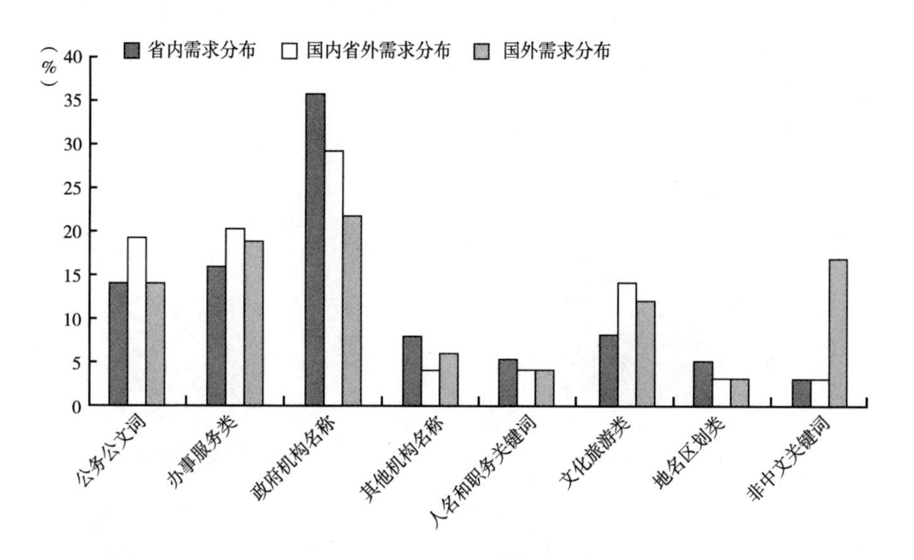

图 4－10　省级政府网站中不同地域用户需求的差异性

从图 4－10 可以看出，不同地域政府网站用户的需求分布具有明显的差异性。例如，政府机构名称、其他机构名称、人名和职务关键词，以及地名区划词等类用户需求中，省内用户的需求明显高于国内省外和国外用户，说明本地用户更加关心当地的政府机构、行政地名、知名企业和重要人物等信息。而文化旅游词中，国内省外用户和国外用户的需求明显高于省内用户。这提示我们，对于一个地方性政府网站而言，其所提供的不同类型的服务内容、所面向的用户群体在地域上具有明显差异性，在提供本地区领导活动信息、地名区划信息时，主要目标用户群体是本地公众；而提供文化民俗、景区名胜、活动赛事等信息时，其目标用户群体则是外地用户。此外，非中文关键词的主要用户群体是海外用户，这说明政府网站提供外文版服务信息，对于提升网站国际影响力具有重要作用。

我国是一个幅员辽阔的国家，各地区经济状态、自然环境、文化习俗等千差万别，不同省份、不同地域用户对于同一类政府公共服务的需求同样存在显著差异性。仍以前文所分析的农业政府部门网站为例，笔者进一步分析了该网站上来自全国各地的互联网用户搜索各类主要农产品信息的地域分布差异性。图 4－11 选取了其中六类农产品加以分析。

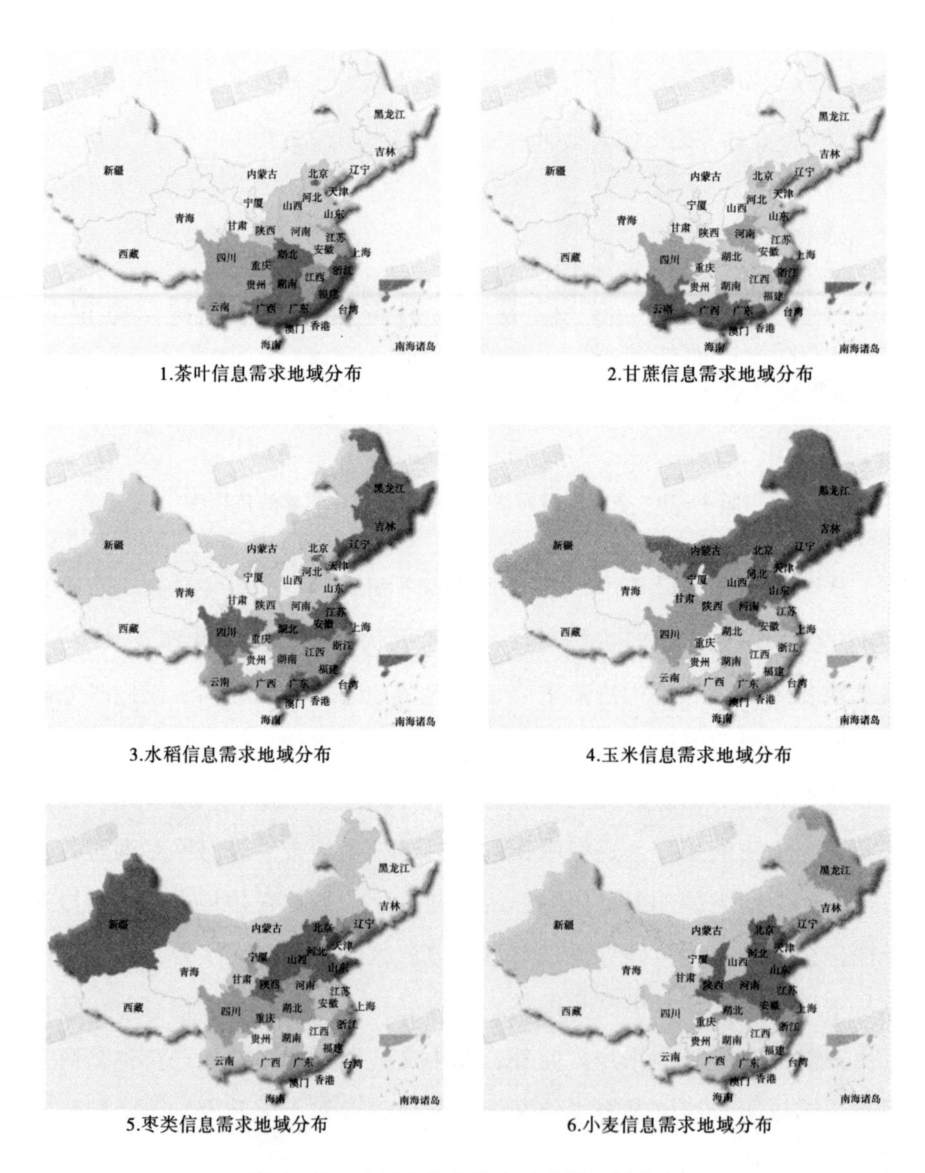

1.茶叶信息需求地域分布

2.甘蔗信息需求地域分布

3.水稻信息需求地域分布

4.玉米信息需求地域分布

5.枣类信息需求地域分布

6.小麦信息需求地域分布

图 4－11　6 类农作物信息需求的地域分布

从图 4－11 可以看出，全国不同地区用户对于农产品类政府网站信息服务的需求具有明显差异性，且这种差异性与农业生产的地域分布规律高度吻合。例如，茶叶类用户需求最为旺盛的均来自茶叶的主产区，如福建、湖南、浙江、广东等地；甘蔗类信息用户需求最旺盛的则主要为热带和亚热带地区，如海南、广东、广西、云南等地；水稻类信息用户需求最旺盛的主要来自东北地区、长江中下游地区和珠江三角洲地区等水稻主产区。这种用户需求与政府网站业务在地域分布上高度同步的现象提示我们，政府网站，特别是一些面向行业用户提供公共服务的网站，完全可以仿照商业网站的成功经验，设计面向不同地域用户的服务频道，并且根据用户 IP 地址来源，自动推送符合本地区用户特殊需求规律的服务界面（用户也可按照个人喜好重新选择其他地域），从而有效提高政府网站服务的智慧化和个性化水平。

第五章　用户点击行为分析

从本章起，将集中论述政府网站用户的访问行为分析方法。从用户访问政府网站元素的角度，可以将政府网站用户的访问行为从微观到宏观划分为页面元素点击行为、页面间跳转行为和栏目访问行为三个层面。实际上，对于单个用户而言，他在一次访问会话期间很可能会同时触发三类行为，比如用户在某政府网站的办事大厅栏目的 A 页面通过点击超链接来到了信息公开栏目的 B 页面，则他在这一过程中发生了三个层面的访问行为：首先，用户选择办事大厅栏目页中的某一个超链接，并进行了鼠标点击操作；其次，用户点击超链接之后，网站随之将用户从 A 页面跳转到了 B 页面；最后，从栏目的角度看，用户的访问栏目同样发生了切换，即从办事大厅栏目来到了信息公开栏目。

以上的分析看似对用户的一次访问行为的多次重复分析，但正如本书在第二章就谈到的，本书的所有用户行为分析的目的并不仅仅是对用户行为进行描述，而是通过用户行为分析发现网站服务运行的不同层面上可能存在的问题，并为政府网站分析人员提出有针对性的改进建议。从用户行为描述的角度看，上述用户的访问行为是一次单一行为，但从网站服务改进的角度，则需要从不同层面对这一行为进行“解读”。首先，在页面元素设计的层面上，网站数据分析人员需要关心以下问题：上述用户所点击的超链接位置摆放是否合理，采用的链接形式（如图片、文字、动画、网页飘窗等）是否合理，超链接的文字是否容易引起用户的误读，等等。其次，在页面关系的设计上，网站数据分析人员则需要关心如下问题：上述用户发生这次页面跳转行为的原因是什么，A、B两个页面之间是否频繁发生过用户跳转行为，用户来到B页面之后是否满足了需求？其后续跳转行为的方向是什么，等等。最后，在栏目体系的设计上，网站数据分析人员还需要关心：上述两个栏目之间是否存在用户服务需求的内在相关性，是否需要在两个栏目之间设计更加便捷的超链接机制，两个栏目的层级设计是否合理，栏目架构是否需要进一步调整，等等。

基于上述考虑，本书在接下来的三章中，分别从三个不同层面对政府网站用户的访问行为进行了分析。本章首先对用户在单个页面内的点击行为进行剖析。再次强调的是，本章所关心的仅仅是页面点击行为本身，而对于“点击”的后续行为（如页面跳转等），则暂时不予分析。

一 页面点击行为分析的基本工具——热力图

页面点击行为，就是用户在任意一个政府网站服务页面上进行的鼠标点击（Click）行为。用户页面点击行为分析最常用的分析工具就是热力图，下文首先对热力图进行简单介绍。

热力图，就是按照一定的统计标准，用不同的颜色亮度表示图中各个区域指标数据的高低，从而将区域的全局特征直观地展示在观察者面前的一种形式。在网站分析中，按照数据采集来源的不同，可以将热力图划分为两大类，即视觉注意力热力图（eye tracking heat maps）和点击热力图（click heat maps）。所谓视觉注意力热力图，就是利用眼动仪或摄像头等设备，记录用户在浏览页面时眼球的关注点分布情况，并以可视化的方式展现出来的一种方式。

点击热力图，是指以点击行为发生的多寡来决定图片亮度的一类热力图。在传统的日志分析系统中，对鼠标点击行为无法进行跟踪和分析。但借助于页面标签等用户行为采集技术，则能够比较方便地采集到用户鼠标点击行为的频次、位置等基本信息。点击热力图按照其所关注的点击效果的不同，又可以分为描述每个链接被点击数量的热力图和鼠标点击的热力图。前者较有代表性的如谷歌分析（Google Analytics）提供的链接热力图分析工具，即对网页上各个超链接被点击的次数进行可视化展现的一种热力图。后者如中国政务网站智能分析系统提供的热力图分析工具。

相比而言，鼠标点击热力图是最能反映用户的需求热点分布情况的一种分析工具，因为在政府网站上，有些时候由于设计人员的主观疏漏，往往会设置一些貌似可点击，但实际上无法点击的区域，从而吸引了大量用户的鼠标点击。对于链接热力图而言，这些位置由于不存在链接，因此不产生任何实际跳转行为，这些用户鼠标点击也就无法被记录下来。但这些区域往往是导致政府网站用户体验不佳的设计“死角”，因此基于鼠标点击热力图的分析经常会收到意想不到的效果。

二　首页用户点击的空间分布

政府网站首页是用户访问行为的重要枢纽。这不仅是由首页在政府网站中作为网站“脸面”的特殊地位所决定的，也是用户访问政府网站的基本行为规律所决定的——尽管受搜索引擎、社交媒体等互联网应用的影响，网站用户着陆到具体内容页的比例越来越高，但就单一页面而言，首页在大多数情况下依然是政府网站用户的首选着陆页。为此，下文专门针对政府网站首页用户的点击分布规律进行分析。

2006年，美国著名的信息系统可用性研究专家杰柯柏·尼尔森（Jakob Nielsen）发表了一项报告——《眼球轨迹的研究》[①]，研究人员

① Jakob Nielsen, F-Shaped Pattern for Reading Web Content［EB/OL］. http://www.nngroup.com/articles/f－shaped－pattern－reading－web－content/.

通过232个测试对数千个网页浏览做眼动追踪，最终发现用户在浏览网页时其注意力分布一般符合“F”形规律。如图5－1所示。

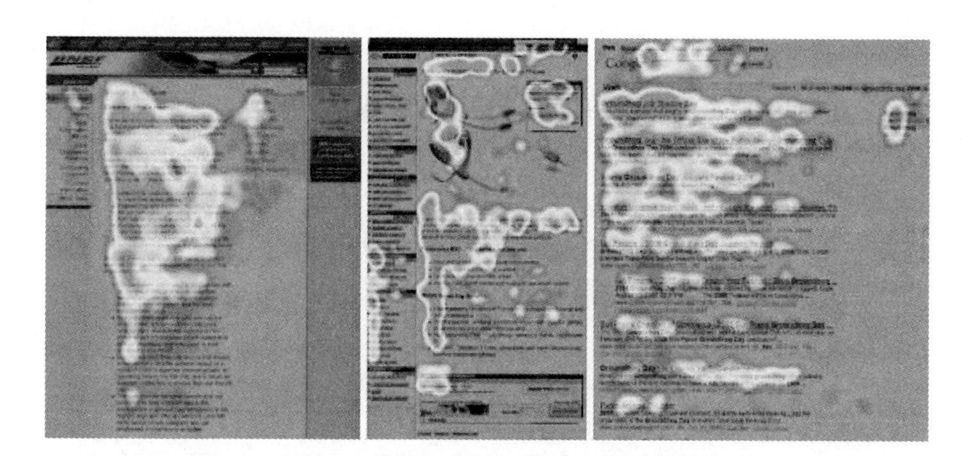

图5－1 用户浏览网页的“F”形分布规律

尼尔森提出的“F”定律在网络用户行为研究领域影响很大，尽管也有很多研究者提出种种质疑①，但其依然揭示了用户在浏览页面时的部分基本行为习惯。比如说，作为传统的纸质文献阅读习惯在互联网上的延伸，互联网用户在浏览网页时，同样也是按照从左向右、从上到下的顺序进行的。而由于用户的浏览耐心比较有限，很多用户会随着浏览行为的逐渐开展而离开内容本身，从而形成了所谓F形浏览模型。

如前所述，眼动仪热力图和点击热力图实际上对应了用户浏览网站信息行为的两个基本环节——信息搜寻和信息选择。在“F形”浏览模式下，用户在浏览网页时，越接近网页内容的下端和右端，对信息内容的注意力越容易下降。而注意力下降的结果，就是后续的信息选择（鼠标点击）行为的减少。因此，在理论上，眼动仪分析的基本结论，即网页上方浏览量高于下方、左方浏览量高于右方

① 《不要被F形浏览忽悠了》［EB/OL］. http：//www. blueidea. com/design/doc/2009/7008. asp。

的基本结论，在点击热力图中也应当有所体现。以下，分别从纵向（上下）和横向（左右）两个方面对政府网站用户访问情况进行分析。

1. 政府网站首页各屏的点击分布情况（纵向分布）

通过对样本数据中政府网站首页的研究发现，目前我国政府网站首页平均屏数为3.385屏，其中部委网站的屏数最多，平均为4屏。各类政府网站首页的平均屏数如表5－1所示。

表5－1　不同类型政府网站首页屏数分布情况

网站级别	屏数	网站级别	屏数
部委网站	4.000	省级部门网站	3.386
市区县级部门网站	3.167	省级门户网站	3.250
市区县级门户网站	3.300	平均值	3.385

利用热力图统计样本政府网站首页各屏的平均点击量分布情况后可以发现，政府网站首页首屏点击比例普遍较高，为57.80%；第二屏次高，为19.33%；最后一屏也吸引了较高的点击量，为16.93%；中间各屏的点击则一般比较少，平均为6.55%。图5－2显示了各类型政府网站首页各屏的点击分布情况。

结合图5－2可以看出，相比较而言，市区县级部门网站和省级部门网站首页首屏点击比例最高，分别达到66.27%和62.09%。这可能是由于这些政府网站上服务内容多以动态信息发布为主导致的。特别是一些部门网站访问人数较少，本系统内部的工作人员占到很大比例，而这些用户更多关注首页首屏的动态新闻信息。相比较而言，省级门户网站、部委网站和市区县级门户网站首页首屏的点击比例相对较低，特别是省级门户网站首页首屏点击率仅为43.01%，这在一定程度上与这些网站的服务内容相对而言更加丰富有关。

总之，无论哪一类型的政府网站，其首页首屏的点击比例都相对更

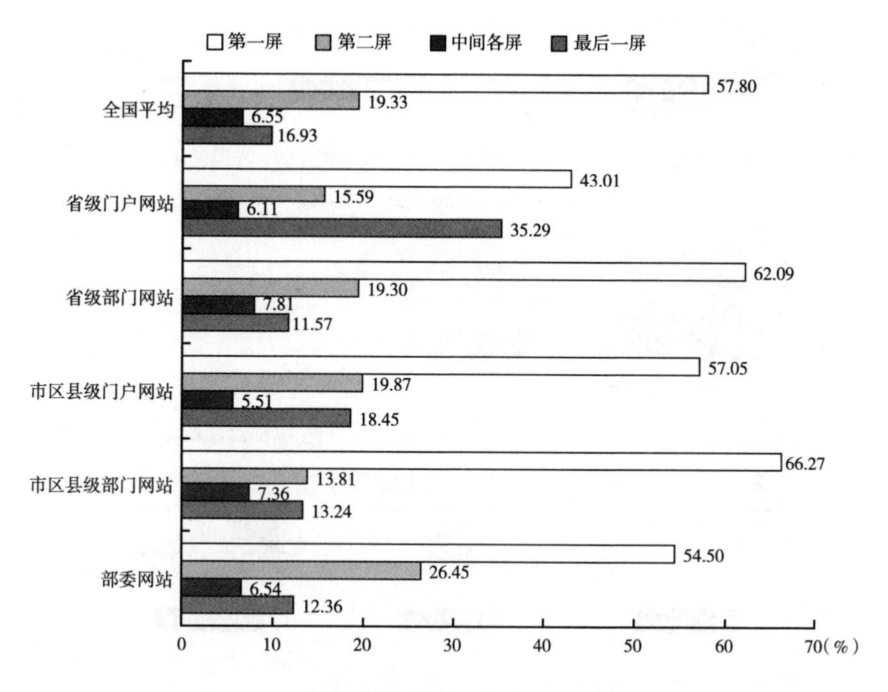

图 5-2　不同类型政府网站首页各屏的点击分布

高，大部分用户都不愿意花费过多精力浏览第二屏以及以后的内容，这符合用户网络信息查询行为中的“最小努力法则”①，即用户通常都选择最省力的方式和行为实现其检索目标。这也提示我们，在设计政府网站首页时，应当尽量压缩网站首页的长度，最好不要超过 3 屏；同时，尽可能将用户关注的重要栏目放在首页首屏之上，从而有效提升网站用户的浏览体验。从国外经验来看，目前发达国家政府网站首页一般都比较“短小精悍”。如美国政府门户网站首页仅 2 屏左右，内容非常精炼，见图 5-3。

此外，无论是哪一类型政府网站，其最后一屏的用户点击比例都相对较高。特别是省级门户和市区县级门户网站，其首页最后一屏的用户

① 卢婷：《网络信息检索行为中的“最小努力法则”》，《中华医学图书情报杂志》2010 年第 11 期。

图 5－3　美国政府门户网站首页

点击比例分别达到 35.29% 和 18.45%。通过对政府网站的统计发现，目前，我国政府网站在首页设计时有一个惯例，即将网站相关网站导航置于页面底端，包括下级网站、同级网站、上级网站、相关商业网站、新闻网站或公益性网站列表等。从热力图统计来看，用户对于政府网站上的相关链接的使用率非常高。特别是各级政府门户网站，往往扮演着本地区各类网站的导航枢纽的角色，因此这类网站最后一屏的导航区点击比例尤其高。从用户行为的角度分析，很难据此判断用户体验是“好”还是“坏”：一方面，将网站用户经常使用的功能区置于页面底端，会增加用户拖拽鼠标的次数，从而在一定程度上增加用户信息浏览和信息查询的成本；但另一方面，由于这类功能属于网站用户的“刚性”需求，选择使用这类功能的用户大多为政府网站“常客”，因而这些功能并不需要像一些便民服务功能那样引起更多政府网站新访客的注意，这些“刚性”需求用户可能并不介意其所常用的导航区功能置于页面底端。

在笔者的走访调研中，有的政府网站管理者还提出这样一种观点：他们希望通过将一些用户经常需要使用的功能放在页面底端，从而使用户在拖拽浏览页面的过程中注意到网站上更多的服务内容。但从用户行为的角度来看，对这种看法笔者并不完全认同：只有那些浏览页面时目标并不明确的用户，才会在漫无目的的浏览中被一些新服务内容吸引；而如果一个用户有了明确的使用目标，那么这个用户在查找相关信息或功能的过程中很难被其他信息所吸引。综合而言，笔者认为，目前这种设计方式已经为大部分政府网站用户所习惯了，贸然改变设计模式，可能反而会造成用户的困扰。比较稳妥的改进方式如下，即政府网站在改版过程中，可以继续保留页面底端的导航区设计，但同时也在首页首屏导航位置通过下拉菜单或标签等方式提供用户常用的导航列表信息，从而方便用户使用。

2. 政府网站页面点击的横向分布

从总体看，政府网站首页用户点击横向分布并不存在明显规律。对于某一个单一的内容区块而言，政府网站用户的点击呈现“居中”分布的特征。图5－4为某政府网站页面新闻列表的点击热力图。可以看出，用户鼠标点击呈现居中稍偏左的分布特征，且从上到下点击量逐渐减少。

通过上述分析可以看出，从纵向的角度看，政府网站首页各屏的点击现象大致符合“F”形浏览规律，但受政府网站特殊业务规律的影响，其各屏点击量并不严格遵照从上到下依次减少的规律。而从横向的

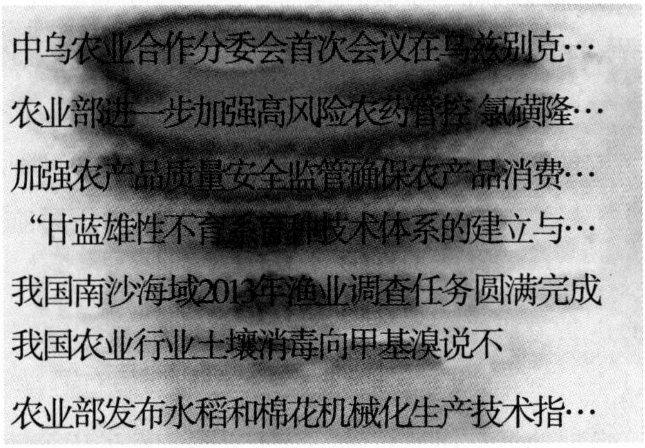

图 5－4　某政府网站新闻列表点击热力图

角度看，并不存在十分明显的从左至右依次减少的特征。因此，总体而言，政府网站用户的实际点击行为除在一定程度上受用户注意力分布规律影响之外，更多情况下还是受到政府网站首页不同服务模块的服务需求的影响。下文将对政府网站首页基本服务模块的点击分布情况进行分析。

三　首页基本服务模块的点击分布

经过多年的发展，我国各级政府门户网站首页基本形成了较为统一的页面内容框架。笔者选了 32 家省级、地市级和区县级政府门户网站，并对这些政府门户网站首页各个基本服务模块的点击比例进行了统计分析，如表 5－2 所示。

从表 5－2 可以看出，目前政府网站首页的基本服务模块中，受用户关注最多的文字新闻和图片新闻模块的点击比例之和接近整个页面首页的 1/3。这一数据也印证了前文提到的政府网站首页首屏点击比例接近一半的现象，因为绝大部分政府网站都将新闻动态类信息作为网站首屏的主要内容。

表 5－2　政府网站首页基本服务模块点击分布

单位：%

区域名称	内容说明	平均点击率
页面 LOGO	网站页面顶部 logo 图片或动画	0.50
站内导航	页面栏目导航条、机构子站列表等	9.83
站内搜索	站内搜索相关文本框及按钮	3.67
图片新闻	图片新闻滚动轮屏等	8.58
文字新闻	新闻报道文字列表区域	22.73
信息公开	信息公开栏目	16.62
网上办事	网上办事栏目	5.00
政民互动	政民互动栏目	5.97
便民服务	便民查询、便民服务等	7.03
专题专栏	专题专栏图片和文字区域	2.49
内部应用	业务员邮箱、网站统计系统等	0.77
站外导航	指向相关网站的链接列表区域	12.61
页面底部	版权声明、联系方式等	0.64
特殊子站	语言、无障碍版本等	0.12

除新闻动态类信息之外，我国政府网站的三大基本职能，即信息公开、网上办事、政民互动三大模块的点击比例不到30%，特别是网上办事和政民互动栏目，用户首页鼠标点击比例分别只有5%和5.97%。这表明，当前我国政府网站的为民办事和与民互动能力尚有很大提升空间，离社会各界对政府网站的期待相距甚远。

除上述几个功能模块之外，政府门户网站的导航区块，包括站外导航和站内导航两类服务也得到用户的较多关注，两个模块的用户点击率分别达到12.61%和9.83%。这一数据告诉我们，政府门户网站的首页作为一个区域或者行业政府网上公共服务的统一入口，其导航枢纽的作用十分重要。

四　页面元素的用户点击行为

本部分主要探讨政府网站上的一些基本页面元素，如按钮设计、多标签设计、动画等对于政府网站用户点击行为的影响。

1. 按钮的用户点击行为

按钮设计是政府网站上一种常见的交互设计功能元素。从人机交互的角度，按钮设计元素通过渐变、阴影、圆角等设计手段，使得网页上的一些文字或图片等看上去具有立体感，从而唤起了用户在日常生活中的一些感知体验，是一种容易激发用户采取点击行为的设计元素。

按钮的设计不能“滥用”，很多政府网站美工人员在设计网页时，往往出于单纯的美工设计考虑，喜欢将一些说明性的文字也设计成按钮的样式。图 5－5 中，某政府网站在其栏目导航区中，为了区分信息公开、公共服务和互动交流三大功能下的二级栏目分类，使用了按钮的样式标志三行二级栏目的分类归属。这些文字在内容上仅具有分类说明或者标签文字的性质，并不存在一个统一的信息公开或公共服务一级栏目链接。但在形式上，设计人员出于突出显示效果的考虑，将其设计成为三个按钮，从而吸引了很多用户的无效鼠标点击，对用户形成了误导。因此，政府网站在开展基于热力图的用户行为分析时，应当特别注意那些“不应点而点”的界面元素。

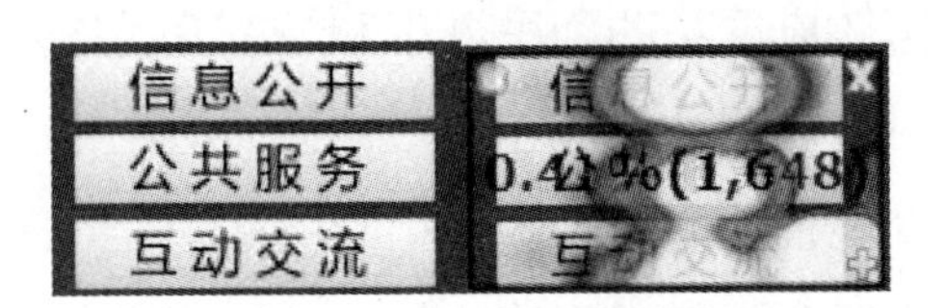

图 5－5　某政府网站上三大功能标签设计为按钮样式后吸引的用户点击

除了常见的按钮之外，政府网站上还有一些特殊的按钮设计元素。比如很多图片轮播区域的左右箭头设计。一般而言，浏览图片轮播等内容的用户，在看到箭头或三角设计时，会下意识地将其联想为加速轮播或者逆序轮播（当箭头方向与当前轮播方向相反时）。但笔者在研究过程中发现，政府网站设计人员在设计网页时，往往会忽视这样一些细节的处理。比如图 5－6 中，某政府网站首页的“专题专栏”图片轮播区域，左右两个箭头被设计者作为装饰之用，并没有设计加速播放或逆序播放功能。但通过热力图可以发现，两个箭头区域同样吸引了大量用户点击，从而造成了不必要的用户体验短板。

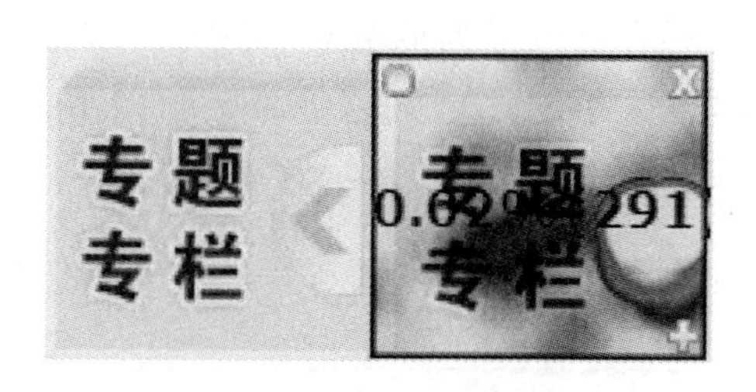

图 5-6 某政府网站上不可用的箭头按钮吸引的用户点击

2. 多标签的用户点击行为

多标签列表式设计也是目前政府网站和商业网站普遍采用的一种页面设计方法。多标签设计是一种允许用户不通过翻页，而是通过鼠标滑动或点击相关标签而实现内容切换的一种设计，它能够帮助政府网站设计者在有限的区域中展示尽可能多的内容。在当前政府网站页面普遍偏长、首页内容普遍较多的情况下，很多政府网站设计者为了提高页面设计的简洁度，往往选择使用多标签设计方式来提高页面内容的集约化展现水平。但需要指出的是，多标签设计在提高页面展示内容紧凑度的同时，也必然会导致用户点击流量的损失。因为多标签设计需要用户通过鼠标的滑动或点击才能展示非当前标签的列表内容，其所耗费的用户使用时间和翻页操作基本相同，因此也会导致用户点击流量的损失。

为提升多标签设计的效果，以下几个方面值得注意：一是默认标签的设计。一般来说，在使用多标签时，其所对应的服务内容往往具有某种内在的类别属性，标签的排列顺序需要结合对应的政府业务序列进行安排。但默认标签的设计，则可以参照用户点击量的多少进行灵活调整。图 5 - 7 显示了某地人社局网站首页的设计，该网站的人才招聘栏目按照招聘对象的不同分为“公务员招考”、“事业单位招聘”和“企业及其他招聘”三个子栏目，并按照业务序列对三个栏目从左至右排序。同时，结合对网站用户行为的分析，发现事业单位招聘子栏目的访问需求远远高于其他两个栏目。为了兼顾网站用户访问体验，网站设计者将默认标签置于第二个子栏目之上。这样的设计，灵活地兼顾服务供给规律和服务用户体验两方面，是一个非常值得借鉴的做法。

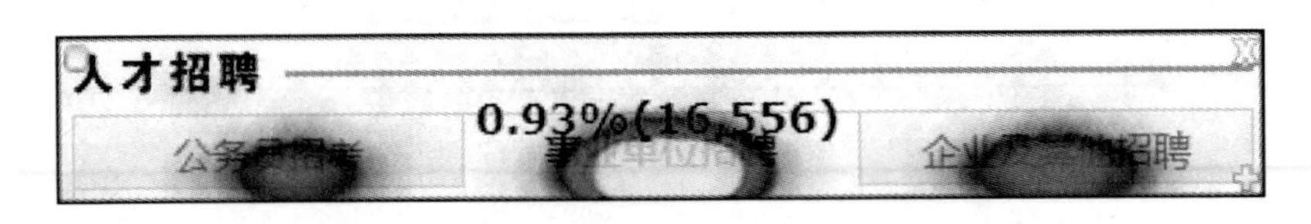

图 5 - 7　某地人社局网站人才招聘栏目设计

二是标签样式的设计。如前所述，多标签设计往往会导致部分用户访问流量的损失。因此在设计多标签页时，应当注意提高翻页标签的醒目度，尤其要注意避免采用将翻页标签置于页面右侧或下方等不符合用户浏览习惯的设计方案。例如图 5 - 8 所示的首页设计方案中，为压缩页面篇幅，将三大功能全部采用标签页方式摆放。这种设计的风险在于：首先，由于三大功能栏目内容都非常丰富，几乎占到网站一屏左右的篇幅，用户在浏览这些信息时，很容易忽视内容旁边的标签；其次，由于网站设计者别出心裁地将标签置于页面最右端，这与一般用户从左向右浏览的习惯恰好相反，导致很多“粗心”的用户根本注意不到最右侧的标签翻页功能。这一设计方案导致该网站除默认的“信息公开”栏目之外，“办事服务”和“政民互动”栏目均损失了大量潜在用户访问流量。

三是除非特别需要，应当尽量避免“标签套标签”的方式。图 5 - 9 显示了某地政府网站的首页三大功能区设计，除了三大功能使用标签之外，为民服务的两个子栏目“办事服务”和“公共服务”继续使用了标签。例如，用户想查找“住房服务”信息，则需要进

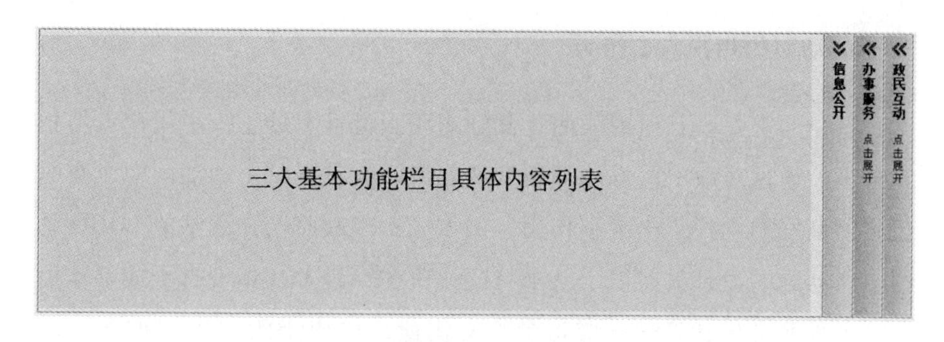

图 5-8　某政府网站的三大功能标签设计

行三次信息选择操作才能找到相关链接入口。这种设计无疑会导致大量用户难以找到这些首页上隐藏过深的信息。

图 5-9　某政府网站的“标签套标签”设计

3. 动画的用户点击行为

以往的交互设计研究表明，良好的动画设计有助于吸引用户点击相关内容。通过对政府网站的调研发现，目前政府网站上的动画中，有的起到了良好的用户点击吸引作用。例如成都市政府门户网站的LOGO动画。该动画的设计具有以下几个特征：首先，该LOGO取材于成都本地的一个著名文化遗产——成都金沙文化遗址中出土的“太阳神鸟”的金箔，具有较强的文化符号含义；其次，该LOGO动画的展现方式被设计为可旋转的；最后，该LOGO使用的配色是金黄色，且位于成都网站首页顶端的中间位置，容易引起用户的注意。通过热力图分析发现，该LOGO吸引了较多用户点击，特别是旋转动画的位置，更是用户点击的热点区域，如图5－10所示。

图5－10 “中国·成都”网站首页LOGO动画吸引的鼠标点击

在旧版网站中，该处设计并没有提供相关的链接跳转功能，用户鼠标在旋转动画上悬停时，鼠标会变为可点击状态，但点击后仅是对首页进行刷新操作。而通过对用户点击行为的分析可以看出，很多用户对于成都网站的LOGO动画中旋转的太阳神鸟图样的含义较为感兴趣，想知道为何成都网站使用这一图标作为网站的LOGO。结合这一分析，成都网站在新版首页中，在继续保留该动画LOGO的同时，在相应位置增加了超链接功能。用户点击后，会自动跳转到一个专门页面，介绍该LOGO的背景知识。通过这一改动，不但较好地满足了网站用户点击LOGO的信息需求，而且增加了用户对成都相关文化的认识，可以从用户体验及形象宣传两方面提升效果。

另外，并不是所有的动画设计都会吸引用户的注意力。笔者通过对多家政府网站的调研发现，目前在政府网站上普遍采用的一种仿照商业网站横幅（Banner）动画的设计元素，吸引用户点击的效果往往不理想。其原因在于在商业网站上，横幅动画往往承载的是商业广告的内容。用户在长期的互联网使用过程中，已经形成了对这类横幅广告动画的“注意力疲劳”，很多用户看到横幅类的动画会下意识地选择跳过这类内容而浏览其他信息。因此这类网络广告形态的用户点击率很低，已经成为互联网业界共识[①]。用户这种在商业网站上形成的访问习惯，往往会导致政府网站上设计的类似横幅的动画难以起到吸引用户眼球的作用。而政府网站设计者们又往往习惯将网站上重点宣传的活动或服务专题等设计成横幅动画，这是不符合用户体验和用户习惯的做法。

五　特殊用户群体的页面点击行为

下文讨论一些特殊技术环境下的用户群体在访问政府网站时的页面点击行为规律。

1. 移动终端用户

近年来，随着智能移动终端的普及，政府网站用户中，使用移动终端的用户比例呈现快速上涨的趋势。通过对样本政府网站的统计，目前政府网站用户中使用移动终端的比例已经达到5.03%。目前政府网站用户使用的移动终端操作系统种类非常多，占全部操作系统种数的72.9%，iPad已经成为访问政府网站的第一大移动终端，如表5－3所示。

---

① 王建冬：《网络广告界面评价中的人机交互理论——网络广告交互界面与广告效果关系模型》，《现代图书情报技术》2009年第3期。

表 5－3　政府网站用户使用的主要操作系统

使用率排名	操作系统名称	终端类型	使用率排名	操作系统名称	终端类型
1	Windows XP		31	iPhone/iOS3. 1	移动
2	Windows 7 or 2008R2		32	iPhone/iOS4. 0	移动
3	iPad	移动	33	Linux i686 on x86_64	移动
4	Linux		34	MOCOR	移动
5	Windows Vista or 2008		35	Android 1. 6	移动
6	Windows Server 2003		36	BlackBerry OS 5. 0	移动
7	Android 2. 3	移动	37	iPhone	移动
8	Mac		38	Nokia	移动
9	Android 4. 0	移动	39	SunOS	
10	Android 2. 2	移动	40	Android 1. 5	移动
11	Windows 8		41	iPod/iOS5. 0	移动
12	iPhone/iOS6. 0	移动	42	Pike v7. 6 release 92	移动
13	iPhone/iOS5. 1	移动	43	iPod/iOS4. 3	移动
14	Android	移动	44	Windows Phone 7. 0	移动
15	iPhone/iOS4. 3	移动	45	Windows Mobile 6. 5	移动
16	iPhone/iOS5. 0	移动	46	Android 3. 0	移动
17	Win32		47	Android 4. 2	移动
18	Windows 2000		48	BlackBerry	移动
19	Android 2. 1	移动	49	BlackBerry OS 5. 1	移动
20	iPhone/iOS4. 2	移动	50	iPad Simulator	移动
21	Linux armv7l	移动	51	iPhone/iOS2. 2	移动
22	X11	移动	52	iPhone/iOS3. 0	移动
23	Android 3. 1	移动	53	iPod/iOS4. 2	移动
24	Android 4. 1	移动	54	iPod/iOS5. 1	移动
25	Android 3. 2	移动	55	iPod/iOS6. 0	移动
26	Pike v7. 8 release 517	移动	56	Linux armv5tel	移动
27	Symbian S60	移动	57	Linux mips	移动
28	iPhone/iOS4. 1	移动	58	MTK	移动
29	Linux x86_64	移动	59	Windows 98	
30	Windows Phone 7. 5	移动			

图 5－11 显示了不同类型政府网站用户中移动终端用户的比重，可以看到，省级部门网站与省级门户网站中移动终端用户比例较高，分别达到 8. 32% 和 5. 45% 。

随着政府网站用户的移动化特征越来越明显，对于移动终端用户的

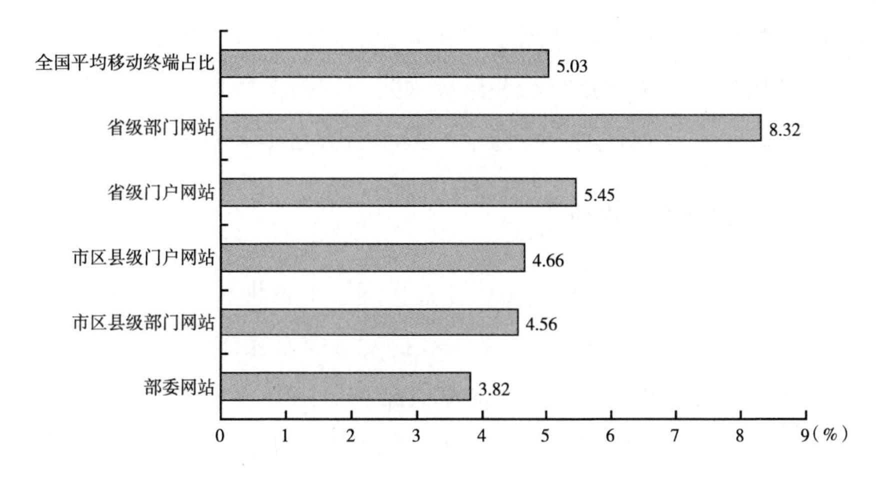

图5-11　政府网站移动终端用户比例

页面点击行为规律的分析，已经成为政府网站页面设计优化的一个重要方面。基于中国政务网站智能分析系统的点击热力图，可以对政府网站页面用户的点击行为数据进行细分化操作，根据不同类型的操作系统或浏览器，选择移动终端的用户群体并进行分析。图5-12显示了某政府网站新闻列表区域，使用PC终端和使用iPad、iPhone和Android操作系统的智能移动终端用户的点击分布情况对比。

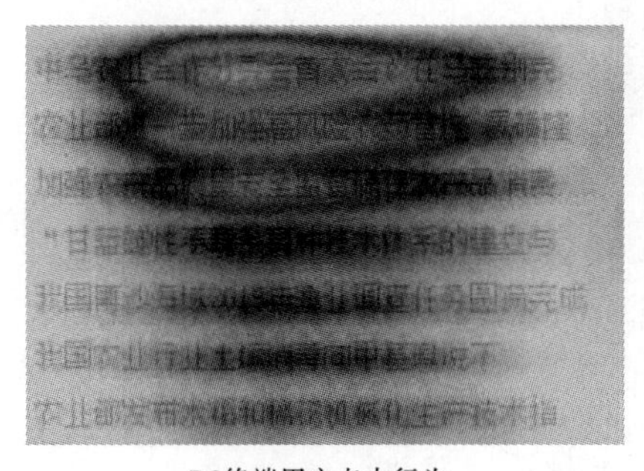

PC终端用户点击行为

移动终端用户点击行为

图5-12　某政府网站新闻区文字用户点击行为对比

通过图5-12可以看出，与PC终端用户鼠标点击稍偏左相比，移动终端用户在文字列表区域的点击分布明显偏右。这是与用户的设备使用行为密切相关的：使用智能移动终端的用户绝大多数会使用右手手指进行滑动操作，出于手指滑动和触屏的方便，很多用户会选择点击目标区域的右侧——这也是用户行为中“最小努力法则”的又一个体现。

2. 不兼容浏览器用户

浏览器是用户访问政府网站，并查看网站上各种文字、图片、视频、动画等信息内容，以及进行表单填写或提交等交互操作的窗口。近年来，全球浏览器市场不断发展，各种浏览器品种层出不穷。据对样本政府网站的统计，目前我国政府网站用户使用的网页浏览器最多的依然是微软的 IE 浏览器，占比高达 73.79%。除此之外，Chrome、Sogou、Safari、FireFox、Maxthon 等浏览器的访问比例也比较高，如图 5－13 所示。

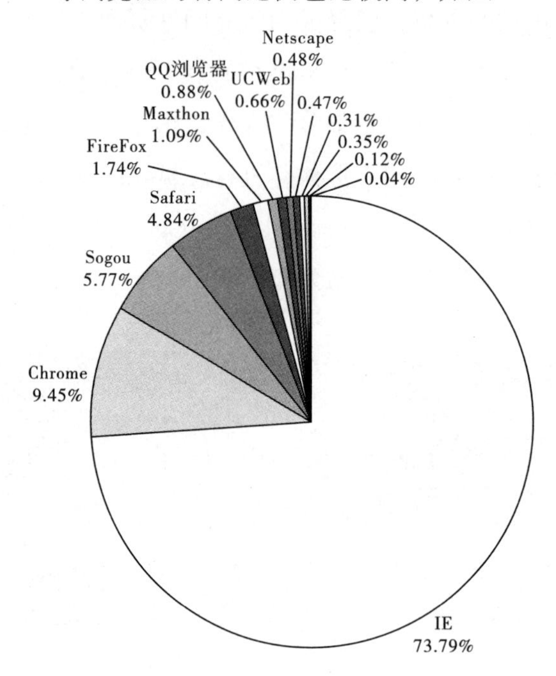

图 5－13　全国政府网站用户的主流浏览器分布

随着浏览器品种的不断增多，浏览器的兼容性问题日渐成为政府网站页面设计中的一个常见问题。特别是随着近年来移动终端的兴起，很多移动终端设备下的浏览器，如苹果 Safari 浏览器、UCWeb 浏览器等，其底层技术架构与传统 PC 端浏览器差异较大，大部分政府网站页面在这些新兴浏览器下的兼容性不佳。

基于热力图数据的细分剖析功能，可以清楚地看到浏览器兼容性问题在政府网站用户的点击行为中造成的影响。图 5－14 显示了某政府网站站内搜索表单提交页面，该页面在 IE 系列浏览器下显示正常，从热力图可以看出，相关表单按钮的用户点击分布情况比较正常；而在其他浏览器下，表单提交区域无法显示，从热力图可以看出，用户在页面无法显示的“空白”区域点击有限几次鼠标之后，就选择了离开该页面。

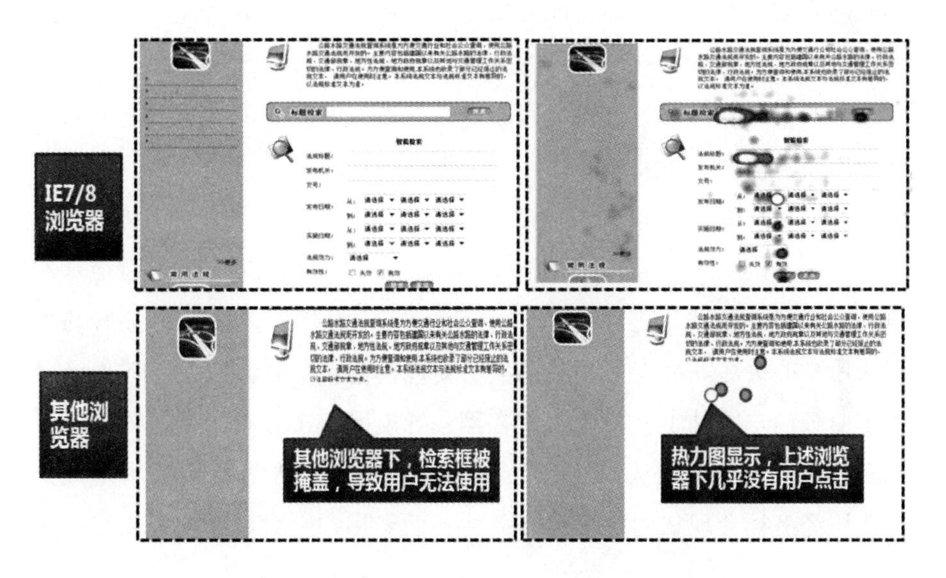

图 5－14　不兼容浏览器下的用户点击行为差异性

3. 新/老用户群体的页面点击行为

区分网站新用户（New Visitors）和老用户（Returning Visitors）是网站分析中常见的一类用户细分的方法。简单而言，新用户就是首次访问网站或者首次使用网站服务的用户；而老用户则是之前访问过网站或者使用过网站服务的用户。老用户一般都是网站的忠诚用户，有相对较高的黏度，也是为网站带来价值的主要用户群体；而新用户则意味着网站业务的发展，是网站价值不断提升的前提。可以说，老用户是网站生存的基础，新用户是网站发展的动力，所以网站的发展战略往往是在稳固老用户群体的基础上不断地提升新用户数。

对于政府网站而言，老用户群体中，政府机构内部工作人员、本地用户和行业相关用户往往较多；而新用户群体中，外地用户、互联网一般网民较多。因此新老用户对于政府网站的服务需求具有明显差异：老用户往往有明确的信息需求导向，他们倾向于访问某一类或几类固定的政府网站服务内容；而新用户往往关注网站的一般介绍类信息，比如机构职能介绍、领导简历等，此外新用户还倾向于使用一些能够辅助快速查找网站信息的工具，比如站内搜索、网站地图等。政府网站上新老用户需求的这种差异性，直接导致新老用户群体在政府网站页面上的点击行为的差异性。这主要体现在以下方面。

首先，从网站不同服务内容模块的点击量差异看，政府网站上可“一次性”了解的内容，比如机构职能、领导主页，以及介绍当地基本情况的栏目，如“走进××”、“认识××”等栏目，往往更加容易引起新用户的关注。而老用户更加关心新闻动态类信息。图5－15显示了成都旧版门户网站上，新老用户在网站导航区点击分布的差异性。可以看出，新用户对于“认识成都”和“魅力成都”等介绍成都本地风土人情和经济社会现状的栏目更加关注；而老用户则对新闻中心栏目的关注度更高。

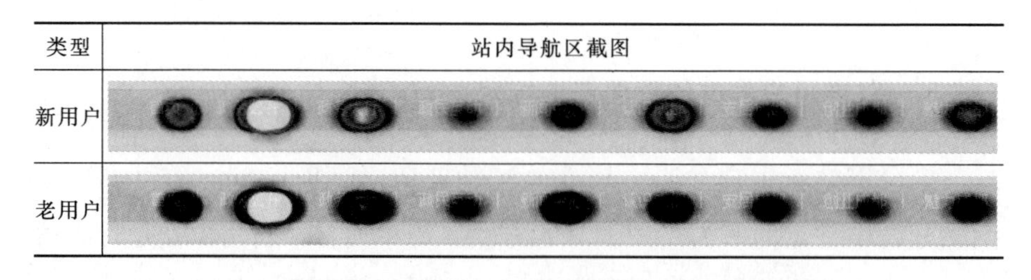

图5－15　新老用户对于站内导航区的点击行为差异

其次，从对网站基本技术功能的点击差异看，新用户对于能够帮助自己快速查找信息的技术功能，比如站内搜索和网站地图较为关心；而老用户则对站群导航等特殊技术功能更加关心，这可能与老用户中本地区公务员用户较多，而这些用户习惯于通过本地区门户网站来到各自工作的基层部门网站的行为习惯有关。图 5 - 16 显示了成都旧版网站上，新老用户对于首页底部网站群导航功能的点击差异分布情况。可以看出，老用户对于成都市下属各区市县网站的站群导航点击比例远远高于新用户。

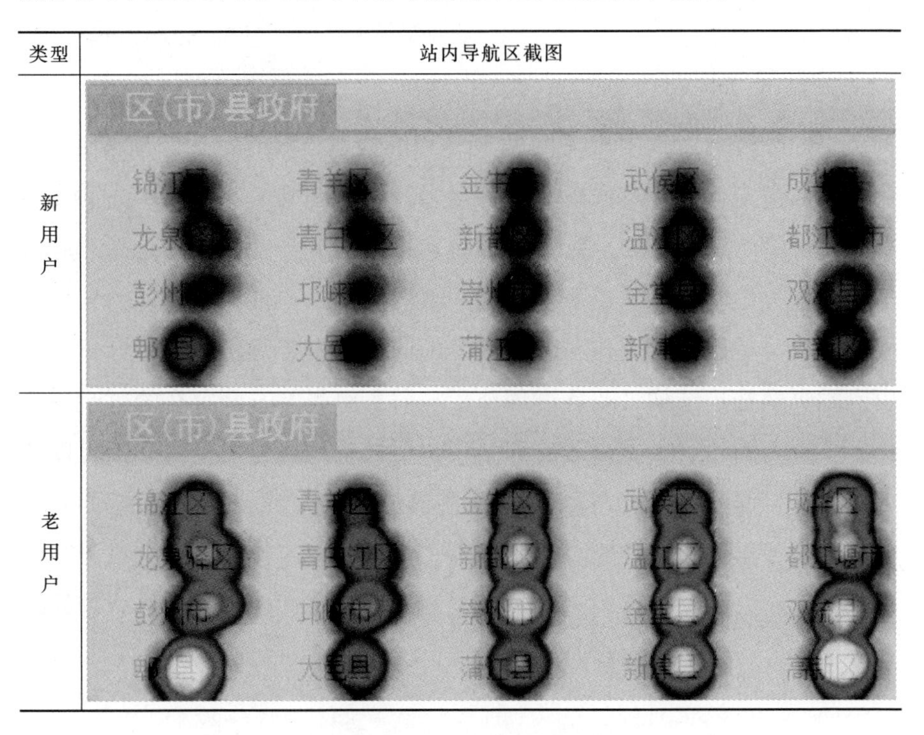

图 5 - 16　新老用户对于站群导航区的点击行为差异

第六章　页面间跳转行为分析

页面跳转行为是用户在网站上进行的最基本操作之一。如前所述，用户页面点击行为和页面跳转行为很多时候是在同一次会话中先后发生的动作。之所以将页面点击与页面跳转行为区分开来，主要是从政府网站优化分析的不同着眼点来考虑的。政府网站用户页面跳转行为分析的主要目的，是通过对用户在政府网站不同页面直接跳转规律的分析，找出网站页面链接结构、业务办理流程、服务组织等方面存在的可改进之处。从行为的动机上看，政府网站用户页面跳转行为发生的原因可以分为几类：页面浏览行为导致的页面跳转、用户在线交互导致的页面跳转、站内搜索行为导致的页面跳转等。其中，站内搜索导致的页面跳转行为，将在后文进一步论述。本章对政府网站用户的页面跳转行为的基本规律和分析方法做初步介绍。

一　用户页面跳转行为的基本概念

在政府网站页面跳转行为分析中，需要关注以下基本概念。

1. 着陆页

网站用户的着陆页（Landing Page，有时被称为首要捕获用户页），就是用户来到政府网站所看到的第一个页面。一般来说，网站访问人次最多的着陆页是首页，不过随着搜索引擎的不断普及应用，越来越多的用户会通过搜索引擎输入想要查找的信息，直接被搜索引擎带到具有相关信息的内容页中。因此对于政府网站而言，其首页着陆页只占网站全部着陆页的一小部分，更多的用户会着陆到大量具体的办事内容页上，从而呈现典型的长尾分布特征。

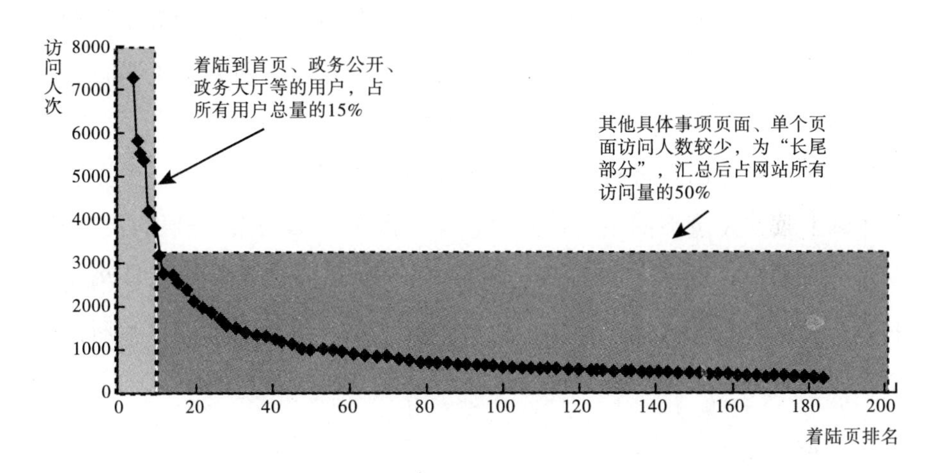

图 6－1　某政府网站用户着陆页分布的长尾特征

相比首页而言，政府网站用户的着陆页研究更需要关注其“长尾”部分，即政府网站的大量具体办事服务页面。网站具体服务内容页能否吸引用户对相关信息的继续浏览，是决定网站跳出率高低的关键因素。从统计来看，用户跳出率较低的网站，往往在相关链接或智能推荐方面有比较良好的设计。关于这一问题，在本章后面的小节中还将进一步论述。

2. 退出页

与着陆页相对的一个分析概念是政府网站用户的退出页（Exit Page）。在一次网站访问过程中，离开网站时浏览的最后一个网页，表明了此次访问的结束。对于网站来说，用户在某一个页面退出，既可能意味着用户找到了所需的服务而离开网站，也可能说明用户找不到所需的服务（链接），或者用户对本页面的信息不感兴趣而直接关闭浏览器。因此，对于网站中访问量很高的退出页，需要进行单独分析，找到用户大量在此离开的具体原因。因为对于一个具体的办事服务而言，用户在某一个页面上选择退出，往往意味着用户在该页面上的需求得到了满足；而对于一些服务栏目的首页而言，用户在某一栏目首页上退出，则可能意味着用户没有在网站上找到所需的信息而离开。因此，需要针对不同情况对政府网站用户的退出页分布情况进行有针对性的解读和分析。

此外，对退出页进行分析时，需要对用户群体进行细分。例如，某页面属于某款浏览器的主要退出页，但不属于全站的主要退出页，则原因很可能是该页面在该浏览器下存在用户体验问题。例如在该浏览器中，可能该页面的链接按钮无法点击，或者页面排版错乱等。政府网站分析师可以结合具体情况，排查出相应问题。

3. 第二页

着陆页和退出页可以看作政府网站用户跳转行为的前后两端，在这中间，网站用户还可能会有若干次页面访问行为，并留下相应的访问记录，我们可以将其统称为“中间页”。就政府网站分析而言，所有中间页中，最值得关注的是用户访问的“第二页”，即用户着陆到政府网站之后，继续浏览查看的第二个页面。

按照随机游走模型的假设，用户着陆到政府网站后看到的第二页内容应该是随机分布的。但通过对大量政府网站用户行为调研发现，政府网站用户的第二页访问内容带有明显的非均衡分布特征，往往与用户当前需求的倾向性密切相关。但随着用户浏览信息的不断深入，其需求主题很可能发生偏移（这既可能是因为用户已经找到其所需要的信息了，也可能是因为用户发现了其他更吸引他的内容，而暂时放弃了当前的需求主题），因此相比于其他中间页而言，对第二页的分析是最能够体现用户当时实际需求的一个节点。

此外，对于一些信息枢纽型的政府网站页面，比如网站首页、办事大厅、网站地图等，用户在着陆到这些页面时，其需求往往是难以判断的。以政府网站首页为例，用户可能直接输入网站地址来到该页面，也可能是通过搜索“某某政府网站”等关键词而到达该页面，但无论是哪种方式，其具体的需求主题都无法被直接定位。而通过其所点击的第二页，就可以对用户的具体需求有比较好的判断了。具体应用在后文中将做进一步介绍。

二 用户页面跳转行为的关联规则

如前面所提到的，政府网站用户的页面跳转行为具有一定的内在规律，其与用户对于政府网上公共服务的需求及其演化密切相关。因此，本小节通过引入数据挖掘领域的关联规则分析算法，对政府网站用户的页面跳转行为规律进行初步分析。关联规则挖掘是数据挖掘中的一种常用工具[①]，其基本原理是通过量化的数字描述事物甲的出现对事物乙的出现有多大影响。例如，在超市后台数据库系统中存储了顾客每次购买物品的数量、金额等信息，通过关联规则挖掘，能够发现类似以下的隐藏事实：在购买自行车的顾客中，有80%的人同时购买车锁。这些关联规则很有价值，商场管理人员可以根据这些关联规则更好地规划商场，如把自行车和车锁摆放在一起能够促进销售。

关联规则的挖掘目的是发现知识，一般来说，人们仅仅对支持度和可信度特别显著的关联规则感兴趣，要求挖掘结果所产生的规则的支持度和可信度都不小于给定的阈值，即最小支持度和最小可信度，这样的关联规则称为强关联规则。关联规则的挖掘可以分为两个步骤：①找出所有频繁项集，这些项集的频繁度不低于预定义的最小支持度；②由频

① 蔡伟杰、张晓辉、朱建秋、朱扬勇：《关联规则挖掘综述》，《计算机工程》2001年第5期。

繁项集产生关联规则，这些规则必须满足最小置信度的要求。

在政府网站用户行为分析中，利用关联规则挖掘工具，能够发现用户在不同页面之间前后切换的经常模式。由于关联规则挖掘所基于的数据集合属于时间序列数据，因此通过关联规则挖掘工具，能够发现用户先后访问页面的常用模式。这种页面跳转模式的背后，实际上反映了用户真实需求在现有政府网站服务架构中的映射关系。通过对重要的关联规则的挖掘，能够找出政府网站栏目架构之间存在的不合理之处，从而有针对性地提出改进建议，提升政府网站的公共服务质量。以下以某市政府网站为例，对其用户的页面跳转行为进行关联规则分析。

参照以下步骤，对某市网站的用户页面访问数据进行关联规则挖掘：

基于 GWD 系统，导出用户访问页面的时间序列数据，数据格式如下：

Session 号 1　　页面 1　页面 2　页面 3

Session 号 2　　页面 2　页面 5　页面 4

Session 号 3　　页面 3　页面 6　页面 4　页面 7

其中，每行第一列为一个用户在一个 Session 内访问的编号，作为 Session 内访问时序数据的编号。其余各列为用户在该 Session 内先后访问页面的列表。

使用 Java 开发 Apriori 算法[①]程序，读取上述时序数据，并设定置信度和支持度阈值，导出强关联规则集合。

对某市网站 2011 年 9 月的访问数据进行关联规则挖掘分析，得到置信度高于 0.5 的关联规则集合共 42 条，其中大部分为政务大厅或政务公开内部栏目页面之间的关联规则；在政务公开、政民互动和政务大厅等跨栏目之间跳转的关联规则共 11 对，如表 6－1 所示。

---

① 陆丽娜、陈亚萍、魏恒义、杨麦顺：《挖掘关联规则中 Apriori 算法的研究》，《小型微型计算机系统》2000 年第 9 期。

表6-1　某政府网站用户页面跳转的关联规则分析

关联规则	置信度
政务大厅-市地税局⇒政务公开-表彰公示	0.734
政务大厅-市民政局⇒政务公开-公共卫生督查	0.728
政务大厅-市交委⇒政务公开-节能减排专题	0.677
政务公开-食品药品督查⇒政务大厅-市环保局	0.671
政务公开-食品药品督查⇒政务大厅-市卫生局	0.671
政务大厅-市广新局⇒政务公开-政府会议	0.667
政务大厅-市规划局⇒政民互动-立法征集	0.592
政民互动-立法征集⇒政务大厅-市规划局	0.580
政务大厅-市食药监局⇒政务公开-政府会议	0.563
政务大厅-市环保局⇒政民互动-立法征集	0.535
政务公开-节能减排专题⇒政务大厅-市交委	0.531

其中，以下两对栏目页面之间呈现双向关联关系：

①政务大厅-市交委⇔政务公开-节能减排专题

②政民互动-立法征集⇔政务大厅-市规划局

以上两对栏目页面的双向关联关系，表明这两对栏目的用户存在很强的相互关联。从栏目主题内容来看，某市交通委的办事事项中涉及交通运输工程建设项目的招投标活动、制定交通运输道路规划和发展政策、发布交通缓堵相关政策等办事事项，与节能减排工作有着密切关系。从政务属性上看，尽管交通委的业务范围中并没有直接管理节能减排工作的职能，但用户使用时，经常在两类栏目之间相互跳转。同样的，市规划局的业务职能范围中也没有关于立法征集的事项，但由于很多市政规划需要面向社会征集意见，因此在这两个栏目之间也形成了较为频繁的相互跳转行为。

此外，另外7组栏目也存在单向的跳转关联关系。分别是“政务大厅-市地税局⇒政务公开-表彰公示”、“政务大厅-市民政局⇒政务公开-公共卫生督查”、“政务公开-食品药品督查⇒政务大厅-市环保局”、“政务公开-食品药品督查⇒政务大厅-市卫生局”、“政务大厅-市广新局⇒政务公开-政府会议”、“政务大厅-市食药监局⇒政务公开－政府会议”、“政务大厅－市环保局⇒政民互动－立法征集”。这几组栏目之间的关系与上文分析的两组有一定相似性，也是在政务属性上并无直接关联，但在用户使用政务服务时，存在较为明显的前后顺承关系。

从网站服务改进的角度，鉴于目前“政务大厅”、“政务公开”、“政民互动”栏目的政务属性较为固定但用户需求高度相似的实际情况，建议在三个一级栏目下用户需求相似度较高的二级栏目之间设立深度链接机制。具体包括：

①在以下栏目之间设置相互链接机制：

政务大厅－市交委⇔政务公开－节能减排专题

政民互动－立法征集⇔政务大厅－市规划局

②在以下栏目之间设置单向链接机制：

政务大厅－市地税局⇒政务公开－表彰公示

政务大厅－市民政局⇒政务公开－公共卫生督查

政务公开－食品药品督查⇒政务大厅－市环保局

政务公开－食品药品督查⇒政务大厅－市卫生局

政务大厅－市广新局⇒政务公开－政府会议

政务大厅－市食药监局⇒政务公开－政府会议

政务大厅－市环保局⇒政民互动－立法征集

以上介绍了一种基于用户访问行为的时序性开展关联规则分析的思路。从另一方面来看，用户行为的一致性和网页内容的一致性之间是互补的。语义相似的页面，用户很可能并未发现其中的内在规律，这时候用户行为的一致性较低反而能够指导网站建设者改进链接结构。基于此，Nakayama 等[①]对网页的链接优化提出了另外一种思路：首先，计算网页两两之间的语义相关性 simC；其次，计算网页之间用户访问的一致性 simA；最后，发现语义相关性很大，但访问一致性很小的网页

① 韩立奇：《网站导航代价量化与测试算法研究》，大连理工大学硕士学位论文，2006。

时，增加链接或建立索引页面。这种思路也值得政府网站分析人员加以借鉴。

三　首页着陆用户的页面跳转行为

政府网站首页是政府网站中最重要的信息枢纽。在第五章中，笔者曾经论述政府网站首页用户的鼠标点击行为，其与页面跳转行为之间存在高度的关联性。本小节不再对政府网站首页着陆用户页面跳转的方向和模式等基本规律进行阐述，而主要对政府网站首页着陆用户的页面跳转比例，以及政府网站首页用户页面跳转行为与鼠标点击行为之间的差异性进行分析。

1. 首页着陆用户的页面跳出比例

所谓首页着陆用户的页面跳出比例就是着陆到政府网站首页用户没有继续浏览其他页面就离开（跳出）网站的用户比例。通过对样本政府网站的统计发现，全国政府网站的首页跳出率平均约为 44.12%，其中省级门户的跳出率最高，约为 57.11%。

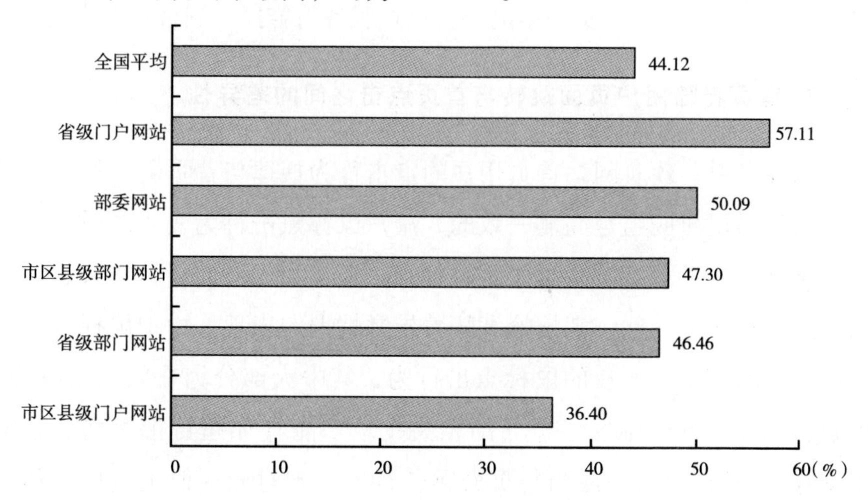

图 6－2　政府网站首页着陆用户的跳出率分布

上述统计结果的出现，可能与不同类型政府网站的用户访问目的性的不同有关。不同类型政府网站用户对不同服务内容的点击分布比例差异显著，部委和省级门户网站用户，对于信息公开和新闻动态类信息的浏览需求明显高于基层政府网站，而基层政府网站用户则更关心其在线办事和政民互动类功能。通过对样本网站用户首页点击分布的统计发现，政务公开类栏目网民的首页点击比例中，从高到低依次为部委网站(22.82%)、省级门户网站（18.60%）和市区县级门户网站（15.80%）。对于信息公开和新闻动态类信息，很多用户仅需要通过标题了解近期进展即可，而不需要点击进入二级页面查看具体内容。但在线办事和政民互动类功能，则必须进入二级页面查看相关信息内容才能满足其服务需求。这种访问目的性的差异，是不同类型政府网站首页着陆用户跳出率不同的重要原因。

另外，对于同级别、同类型的政府网站来说，首页着陆用户的页面跳转比例则是一个很好的反映首页服务内容用户吸引度的指标。用户越喜欢在首页上继续向下查找信息，则说明网站用户对于首页内容编排的兴趣度就越高。而要想提高首页着陆用户的页面跳转比例，除了要在网站服务内容建设方面加大力度之外，一个能够较快提升该指标表现的办法就是将二级甚至三级页面中的一些热点服务内容提升到首页之中展示。

2. 首页着陆用户页面跳转与首页点击之间的差异性

总体来说，政府网站首页用户的点击行为规律与首页着陆用户的页面跳转行为规律应当是高度一致的，用户鼠标点击行为发生之后，正常情况下就应当紧跟着发生页面跳转行为。但从另一方面看，如果这两个数据之间存在差异性，则恰恰意味着异常情况的出现。由于鼠标点击热力图记录的是用户所有的鼠标点击行为，其中大部分为有效点击行为，即点击相关位置后触发了页面的相关技术功能（如超链接跳转、表单提交等)，这部分行为应当与页面跳转行为基本对应；但也包括一些无效点击行为，这类行为就无法在页面跳转行为中得到反映。因此，通过对比首页着陆用户的页面跳转与首页用户的鼠标点击行为之间的差异性，可以发现一些政府网站栏目设置中的技术短板问题。

举例来说，前文曾经谈到，政府网站首页用户点击页面LOGO区域的比例达到0.5%，而目前绝大多数政府网站的首页LOGO区域都无法点击，或者点击后仅仅是对原页面进行一次刷新操作，因此这些点击操作就不会转化为用户的页面跳转行为。再比如，某政府网站首页用户点击站内搜索的比例高达10.67%，但首页着陆用户跳转的第二页中，属于站内搜索栏目的页面比例仅占0.38%。进一步对网站技术功能进行实地调研发现，该网站站内搜索平台出现了技术问题，搜索入口加载非常缓慢，通常点击10次左右才能出现一次正常加载；很多用户为了使用该功能，多次在首页上点击了站内搜索按钮，从而导致出现上述统计数据上的差异。

3. 首页着陆用户页面跳转过程中的需求分析

如前所述，就政府网站首页着陆用户而言，对其着陆时的真实需求无法通过数据分析进行判断，但他在首页上点击某一处链接以后，则可以由其访问的第二页信息判断其需求，这在前文中已多处论及，不再赘述。值得进一步指出的是，通过对“着陆页（首页）—第二页—退出页”三个环节的前后对比，分析政府网站用户在页面跳转过程中需求不断调整的真实过程，往往能够帮助政府网站优化分析人员找出一些特殊规律。

例如，某地方人社局网站的首页着陆用户中，分析从第二页跳转到“事业单位人员”栏目——按照事业单位人员身份设置的专栏，提供诸如事业单位职称评审、事业单位改革等服务内容——的用户的退出页后，发现这些用户中很大一部分从与“事业单位人员”并列的“事业单位人员招聘公告”栏目退出（如图6-3所示）。通过这一分析可以推断，通过首页来到事业单位人员栏目的用户，实际上大多并非事业单位的在职工作人员，而是一些打算通过招聘进入事业单位工作的在校学生或社会人员。这些用户在第一次进入事业单位人员栏目后，发现其所浏览的服务内容并非自己真正需要的内容，因此其中的一部分用户选择回到首页，并继续查找其他相关栏目，最终来到事业单位人员招聘公告栏目，浏览了相关具体信息后选择了退出。

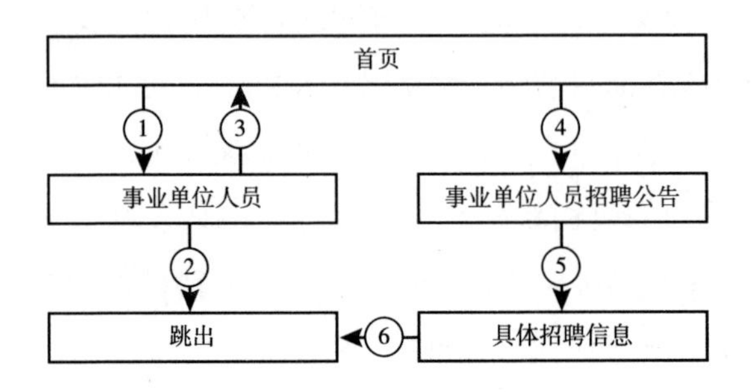

图 6－3　某地方人社局网站用户跳转行为示意

四　具体内容页着陆用户的页面跳转行为

前面论述了政府网站的首页着陆用户的跳转行为，总体而言，政府网站首页着陆用户的跳转大体上呈现树状规律，即用户将首页作为访问入口，按照不同栏目层级和页面跳转关系逐级向下浏览信息。但当前，随着搜索引擎、社交媒体等互联网信息传播渠道的兴起，这些信息传播渠道的用户通过检索某些相关关键词，或者通过某条具体微博信息跳转来到政府网站时，其着陆页往往是某个具体的办事页面或信息页面。与首页着陆用户相比，具体内容页着陆用户的需求更加明确和具体。着陆到首页的政府网站用户中，一部分可能并没有明确的需求主题特征。比如一些政府公务员会将本级政府网站的首页设为自己浏览器的首页，这些用户一打开浏览器，就会自动访问政府网站首页，但其对于政府网站上的服务内容并没有具体需求主题。但着陆到具体内容页的用户，无论是通过搜索某些具体的关键词，或者通过某些微博或论坛等超链接地址跳转来到政府网站的，其着陆到政府网站以后，一般都有某些较为明确的需求特征。

在论述具体内容页着陆用户的页面跳转行为特征之前，先简要介绍一下互联网用户行为研究领域的一个经典理论——“随机游走模型”。随机游走这一名称最早由 Karl Pearson 在 1905 年提出[①]。它本来是物理学中用来描述布朗运动的微观粒子运动模式。这一模型后来被引入数理金融领域，指的是证券价格的时间序列将呈现随机状态，不会表现出某种可观测或统计的确定趋势。在计算机领域，随机游走模型被用来模拟互联网用户的页面浏览和页面跳转行为[②]。该模型认为，互联网用户在浏览网页时，一般采用如下的网络访问行为模式：输入网址，浏览页面，然后顺着页面的链接不断打开新的网页。随机游走模型认为，用户在浏览某一个页面时，所打开页面包含的任意一个链接并跳转到下一页面的概率是彼此相等的，这一行为被称为“直接跳转”；如果用户对当前所在页面包含的所有链接都不感兴趣，就可能在浏览器中输入另外一个网址，直接到达该页面，这个行为叫作“远程跳转”。随机游走模型就是一个对直接跳转和远程跳转两种用户浏览行为进行抽象模拟的概念模型[③]。

随机游走模型是很多著名的互联网算法，比如搜索引擎领域 PageRank 排序算法等的理论基础。但需要指出的是，随机游走模型并不能完全反映政府网站用户的页面跳转行为的基本规律。究其原因，政府网站用户的页面跳转行为，往往与用户当时当地对于政府网上公共服务需求的主题分布和主题演化情况密切相关，而并非完全的“随机游走”。举例来说，某用户通过搜索“机动车摇号”来到某政府网站的具体内容页后，其当前所关心的核心问题就是了解该政府网站上提供的各类与机动车摇号相关的服务信息，包括摇号的时间、摇号流程、结果发布方式、中签率等。如果该政府网站在该摇号信息页面上提供了其他与摇号业务相关的链接，那么它就很可能吸引用户继续“游走”到其他相关页面上去；而如果在该页面提供的是城镇化政策动态或者领导出访报道等信息页面的链接，那么用户点击这些链接的可能性就极为有限了。这种行为模式，在某种程度上可以类比为现实世界中顾客在超市购

① Pearson, K. , The Problem of the Random Walk. *Nature*, 1905, 第 72、294 页。

② 潘雪峰、花贵春、梁斌：《走进搜索引擎》，电子工业出版社，2011。

③ 齐铁：《复杂网络的结构性质与随机游走》，复旦大学，2010。

物的情形——一般而言，顾客在来到超市之前可能会有一个大致明确的购物倾向，但随着购物过程的不断进行，很多顾客的需求会发生变化，他们会随机性地购买一些他们本来没打算购买的东西。政府网站用户的页面跳转行为也是一样，可以归为介于完全“理性”和完全“随机”之间的一种信息选择行为。

通过对大量政府网站用户行为的调研发现，着陆到政府网站上各类具体服务内容页面的用户，下一步跳转到的页面往往是与用户当前的信息需求密切相关的页面。对样本政府网站用户的不完全统计显示，着陆到首页以外具体页面的用户，继续跳转到相关主题页面的比例高达90%以上。从这个意义上说，政府网站在全站各类具体服务内容页面上设立相关内容页链接的智能推荐机制，对于提升网站用户的黏度至关重要——而且这实际上早已经成为电子商务网站的必备功能了。另外，当前很多政府网站对于页面导航机制的理解还停留在热点信息或者最新消息推送的层面上，对于用户需求主题层面的考虑不足，这是导致很多政府网站用户体验不佳、跳出率居高不下的重要原因。

图 6－4 所示的某市政府门户网站上一条关于地铁开通情况的报道内容页面，其在相关页面主体内的右侧推送了很多服务，包括站内搜索入口、热点专题推荐、精品服务推荐等。可以看出，网站的设计者对于该页面右侧推荐信息的设计是花了很多心思的，选择的内容也确实代表

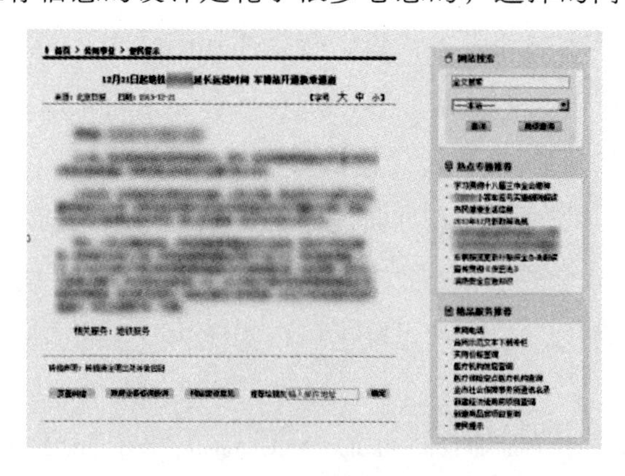

图 6－4　某市政府门户网站内容页区块设计

了网站上近期的热点服务。但从用户行为的角度分析，对于一个通过搜索“地铁”等关键词来到该页面的用户来说，其当前的需求主题就是了解与地铁相关的信息；而页面右侧推送的十余条信息中，一条与地铁相关的内容也没有。可以想见，用户在浏览完页面主题信息之后，大多数会直接关闭浏览器离开该网站。

图 6 – 5 显示了湖南省农业厅网站的具体内容页区块设计。可以看

防治牛蹄病的方法

发病原因1. 圈舍不干净、潮湿，牛蹄长期浸泡在粪尿中。2. 长途运输，转移牛舍，绳索的摩擦，尖锐物的刺激如玻璃、铁丝的划伤，牛相互踩伤等。3. 牛的蹄部机械外力或化学等因素使皮肤受损，失去保护能力。

临床症状损伤部出血、肿胀，继而患部皮肤湿润、糜烂，排出恶臭的分泌物。时间过长可引起局部化浓、形成溃疡，痂皮下常积有较多的脓性分泌物。皮肤及皮下组织均受侵害，皮肤高度肥厚，表面形成凸凹不平的大小乳头状。

治疗措施除去病因，保持患部干净，减少分泌物的刺激，促进炎症的消散，注意护蹄。患部剪毛用肥皂水或新洁尔灭清洗，根据不同情况采用不同的治疗措施。

1. 病初用防腐、收敛和制止渗出的药物，可涂龙胆紫、1%高锰酸钾溶液，新鲜疮可涂碘酊等并包扎。

2. 对化脓性的可用3%过氧化氢，或1%高锰酸钾、新洁尔灭溶液彻底冲洗，除去坏死组织及脓性分泌物，患部涂抗生素软膏后用碘酊浸泡过的绷带包扎。

3. 当患部组织溃疡、皮肤组织过度增生，可先除去坏死组织，切除过度增生物，用高锰酸钾研末或10%硫酸铜等进行处理，使其达到止血消炎、收敛的目的，流血过多必要时进行烧烙止血。除局部疗法外应注意全身症状，当患部有明显机能障碍时，可肌肉注射镇痛药物并配合普鲁卡因青霉素局部封闭，或用氯化钙等疗法。也可用中药治疗：广丹10%、消炎粉20克、冰片0.2克、血竭5克、没药2克、乳香2克、麝香少许，混合研细过筛，涂于患部并包扎。

·胡萝卜缓解小鸡一氧化碳中毒	[2013-12-20]	·给病猪喂药方法要得当	[2013-12-20]
·犊牛肺炎的防治	[2013-12-20]	·发烧病牛的护理	[2013-12-20]
·犊牛初乳的饲喂技术	[2013-12-20]	·花椒也可当畜药	[2013-12-20]
·家中有明矾畜病不作难	[2013-12-20]	·狗蹄部腐烂如何处理	[2013-12-19]
·奶牛饲养管理注意什么	[2013-12-19]	·兔感冒如何治	[2013-12-19]

图 6 – 5　湖南省农业厅网站具体内容页区块设计

到，该网站在具体内容页的主体内容下方，设置了“相关文章”推荐专区，并基于关键词匹配等技术手段，为用户推送了与当前页面内容相关的其他网页链接。用户在浏览完主题信息之后，可以很方便地通过点击相关链接来到其他相关主题的页面之中。通过这样一种智能推荐机制的设计，网站很好地提升了用户黏性。

五　办事服务环节的跳转行为分析

经过十余年发展，目前我国各级政府网站的在线服务体系已经初具规模。多数政府网站按照服务对象的实际需求，为公众和企业提供一站式服务办理，政府网站为民服务能力不断增强。北京、上海、广州、深圳等一批电子政务发展较快的城市行政许可项目在线处理的比率普遍超过 50%，网上提供的服务事项超过 2000 项[①]。在政府网站中，办事服务是一种比较特殊的服务内容，一个完整的政府在线服务，会有若干个网上办事环节，这种服务内容组织模式在一定程度上类似于电子商务网站的购物流程。通过分析政府网站在线服务流程各环节的用户访问行为指标，可以借助具体指标来判断网上办事业务的运转是否正常，包括以下方面。

①用户停留时间：分析不同办事流程环节的用户停留时间。对于用户停留时间过长的环节，一方面可以分析造成用户停留时间过长的技术原因和业务原因，增加在线咨询功能、优化业务办理程序；另一方面，分拆这些停留环节，并把需要耗费用户大量时间的信息内容独立为一个环节，避免用户因为填写过程过于烦琐而出现页面超时等问题。

②访问来源：剔除由搜索引擎直接引导到具体办事环节且跳出率较高的用户群体后再开展分析更符合实际情况。

③新老用户分布：对于仅需一次访问即可办理成功的办事服务，如

① 于施洋、王建冬：《网络政府发展战略》，载汪玉凯、高新民《互联网发展战略》，学习出版社，2012。

果出现老用户比例过高的情况，说明办事流程存在不畅的问题。

④访问者系统环境：对于在办事环节中跳出用户，可以分析其浏览器、分辨率等技术环境特征，判断用户流失是否与网站的技术兼容性有关。可以基于办事流程漏斗图分析工具，分析办事流程各环节的转化率，定位转化率较低的网办环节，通过多维度剖析发现问题，进行有针对性的改进。

⑤不同办事环节的用户点击情况。基于用户点击热力图，可以分析网上办事流程不同环节用户点击行为异常情况，如果办事流程之外的区域出现较多点击，则说明网办流程设计存在一定问题。

漏斗图是电子商务网站分析中一种较为常见的用于业务流程管理的分析工具。在政府网站办事流程分析中，漏斗图可以清晰地展现政府网站上在线办事的各个环节中网民的路径变化。根据路径转化漏斗图，网站监测者可以直观了解每一步业务流程的实现率和流失率，并且可以将漏出的那部分用户筛选出来，通过多维度数据分析了解用户流失原因，优化办事流程的设计，解决流程设计上的缺陷。以某地方旅游局网站上提供的景区门票在线购买流程为例，从景区门票首页到购物车页面，再到确认订单页面以及最后的付款页面，漏斗图都非常直观地展现了每一流程的流量变化。如图 6 – 6 所示，5. 17% 的用户从首页来到了购物车页面，70. 31% 的用户在购物车页面选择继续浏览下一页面，而在付款页面中，94. 52% 的用户进入了付款页面，顺利完成了门票购买交易。

同时，从图 6 – 6 也可以看出，从购物车页面到确定订单页面的用户流失率较高，为 29. 69% 。一般情况下，可以将类似的用户流失率较高的环节视为业务流程中出现问题的环节。对这部分漏出的用户，可以进一步分析用户的平均停留时间，如果停留时间过长，说明用户在这一环节中可能觉得比较迷茫，需要一些提示性的标语；如果停留时间过短，说明办事步骤可能存在让用户走不下去的情况。在上例中，经过进一步分析发现，从购物车页面到确定订单页面流量损失

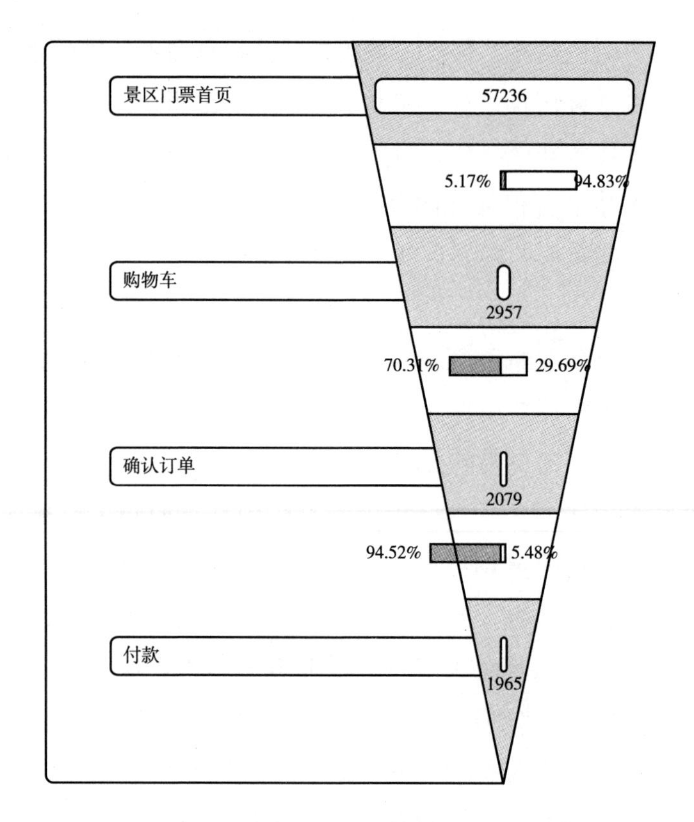

图 6－6　某旅游局网站门票购买服务漏斗图

的原因在于用户注册和登录环节，如图 6－7 所示。该网站服务在用户下订单时，方才提示用户需要登录注册，可能很多用户觉得过于烦琐，而在该环节选择了跳出。

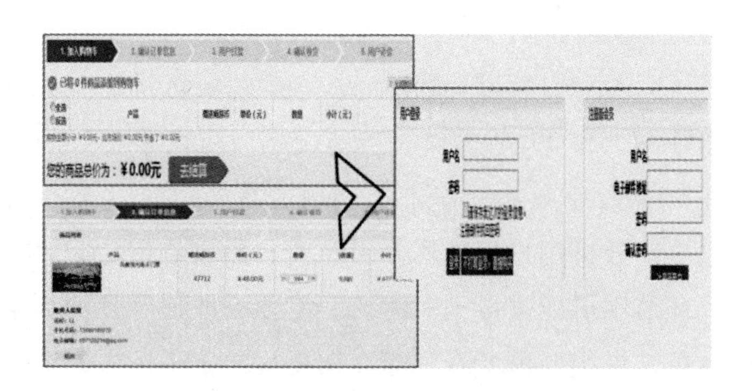

图 6－7　某旅游局网站用户流失的原因分析

除上述情况之外，在政府网站上还存在一种特殊的办事服务环节跳转行为，就是在同一个页面上，基于页面标签或 AJAX 等技术产生的交互式办事界面，对于这类用户行为，可以结合热力图工具进行分析和优化。以下以质检行业某政府网站首页的“在线服务”栏目的热力图分析为例进行介绍。该网站上“在线服务”栏目是网站三大基本功能区之一，汇聚了本部门的各项服务内容。该栏目在设计时，使用了标签嵌套的方式展开信息，基本操作步骤如图 6－8 所示。可以分为四个步骤。

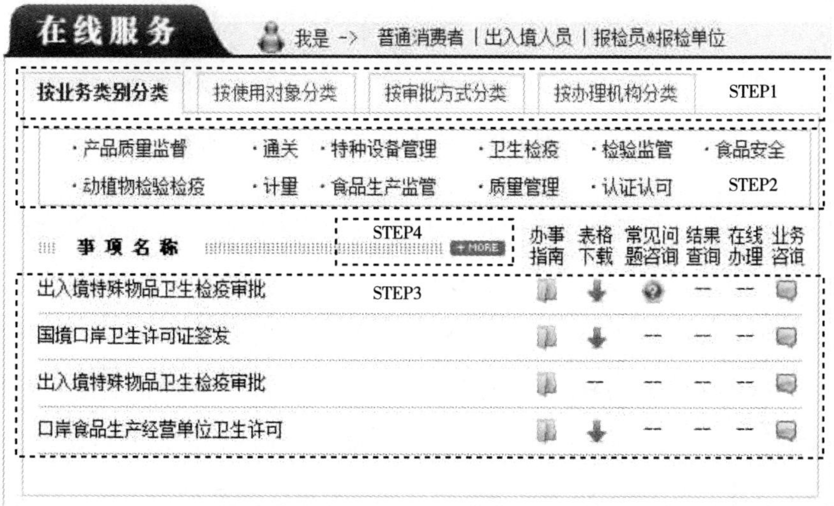

图 6－8　某政府网站“在线服务”栏目

第一步：选择办事事项大类方式，包括按业务类别、使用对象、审批方式和办理机构四类。

第二步：选择办事事项小类，如业务类别分类下又包含了产品质量监督、通关、特种设备管理等 10 类办事事项。

第三步：选择具体事项名称，该网站默认提供了 4 条办事事项的办事指南、表格下载、常见问题咨询、结果查询、在线办理和业务咨询的入口。

第四步：如果上述 4 条办事事项不能满足用户需求，可以点击“more”按钮，查看该小类下的所有办事事项列表。

为考察上述网站在线服务栏目四个步骤的用户使用情况，在首页加载了页面点击热力图分析工具。图 6－9 显示了该网站首页“在线服务”栏目的热力图。

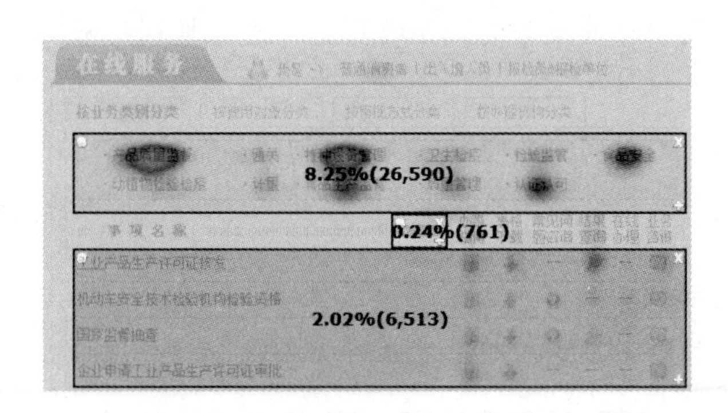

图 6－9　某政府网站“在线服务”栏目热力图

可以看出，步骤 2 点击比例为 8.25%，步骤 3 点击比例为 2.02%。换句话说，就是用户在选择了办事事项小类之后，只有 25% 的人点击了具体办事事项名称；正常来说，另外 75% 用户没有点击具体事项的原因，很可能在于默认显示的 4 条信息不是用户所需要的信息，因而选择点击“更多”以查找其他信息。但从热力图上看，步骤 4“more”按钮的点击率仅为 0.24%。这说明大量用户很可能在选择完服务事项小类之后就流失掉了。

为什么会出现这种情况呢？从用户体验的角度分析，可能有两点原因：首先，旧版在线服务栏目的“more”按钮设计字体过小，位置也不醒目，容易被用户忽视掉。其次，从用户角度看，从步骤 1 到步骤 4，体现了用户使用该栏目的基本行为路径，最符合互联网用户操作习惯的方式，应当是四个步骤的操作区域从上到下依次排开；而目前设计中，步骤 4 反而跑到了步骤 3 的上面，这也不符合用户浏览网页的习惯。由于用户在浏览网页时，在每一个页面元素上停留的时间非常短暂，因此这种设计难以被大多数“粗心”的用户发现，导致大量用户流失也就不难理解了。

在基于数据分析发现上述用户体验问题之后，该政府网站针对该问题进行了整改。将步骤 4 的“more”按钮改为中文“更多服务事项”，使其更加容易被中文用户接受；同时，按钮字体加大，使用了深蓝色加粗字体，使其更加醒目；另外，将步骤4的位置挪到了步骤3之下，使其更加符合用户的使用习惯。如图6－10所示。

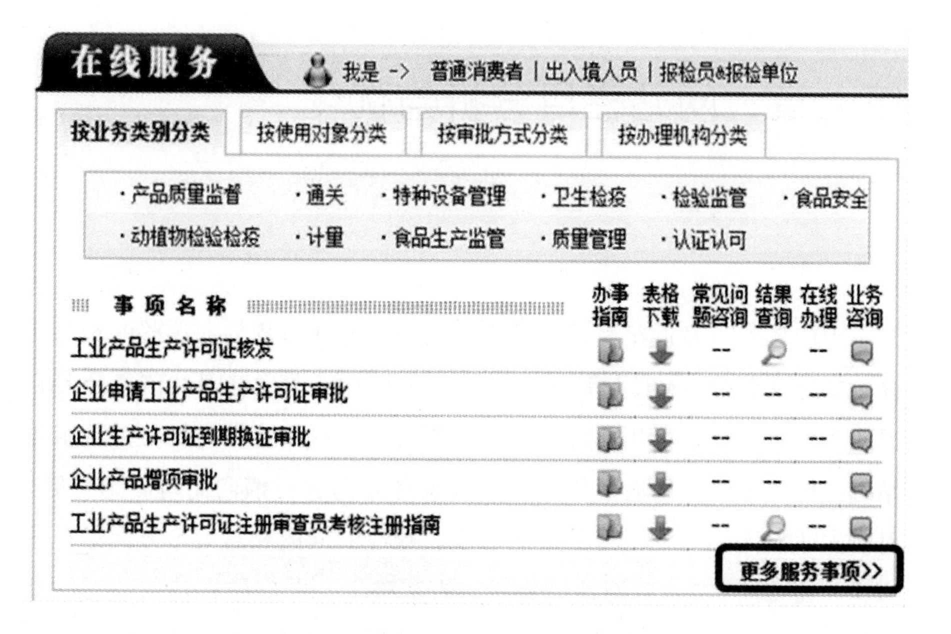

图6－10　“在线服务”栏目按钮调整后页面

在完成上述改进后，我们对该网站在线服务栏目的总访问量进行了进一步跟踪。发现自调整上述设计之后，网站在线服务栏目访问人次有了显著上升，栏目访问效果有了明显改善。如图6－11所示。

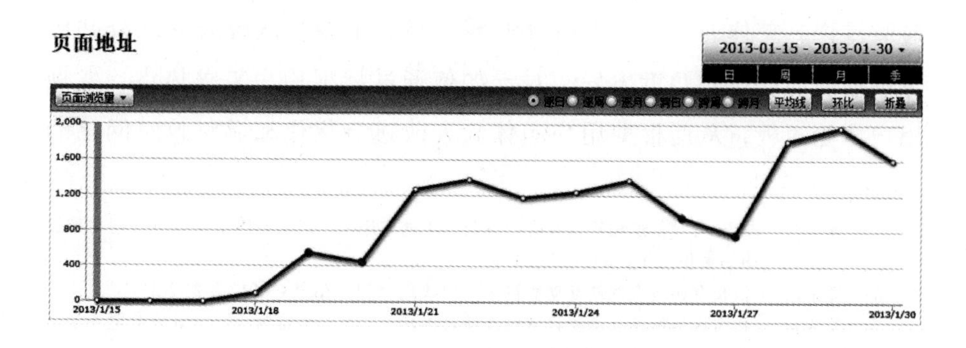

图6－11　“在线服务”栏目访问情况

第七章　网站栏目分析与优化

国内一些学者近年来开展了不少政府网站栏目规划和调整的相关研究。如施文蔚等[①]选取上海市、北京市以及浙江省政府网站信息公开栏目作为研究对象，运用信息构建的思想对其进行了定性分析，并从组织系统、标识系统、导航系统和检索系统等方面进行横向比对。邹倩瑜[②]对我国政府网站互动栏目的发展情况、存在的问题和对策等方面进行了探讨。臧传新[③]在政府网站绩效评估的基础上，以安徽省基层政府网站为例，详细介绍了政民互动栏目的建设情况，并对安徽省政民互动目前存在的问题进行分析。胡晓明[④]就如何从服务供给的角度规范政府网站互动栏目建设进行了系统思考，针对政府网站互动栏目没有信息公开的法定保障、没有在线服务的内在动力、工作边界不清、缺少行政资源等问题，提出从规范服务供给的角度提升优化政府网站互动栏目的对策建议。总体而言，以上研究的着眼点，主要是从政府网站公共服务供给能力建设的角度出发，对于如何通过捕捉用户需求热点、发掘用户体验短板，从而根据用户的体验来改进、优化和调整政府网站的

---

① 施文蔚、朱庆华：《信息构建在政府信息公开中的应用——以政府网站信息公开栏目建设为例》，《图书情报工作》2009 年第 1 期。

② 邹倩瑜：《浅析我国政府网站互动栏目构建现状》，《科技信息》2012 年第 2 期。

③ 臧传新：《地方政府网站互动栏目分析及模式构建——以安徽省为例》，《北京邮电大学学报》（社会科学版）2009 年第 3 期。

④ 胡晓明：《对政府网站互动栏目精品化建设的一点思考》，《电子政务》2010 年第 8 期。

栏目，尚没有较为系统的研究[①]。本章拟从对政府网站栏目运行规律的理论分析入手，结合网站用户行为分析，提出政府网站栏目优化分析的基本方法。

一　政府网站栏目分析的基本理论

1. 政府网站栏目的定义

政府网站栏目是一个较为复杂的分析对象，从功能上或内容上都很难给出一个准确的定义。作为本章分析的基础，首先从形式上给出一个定义。从技术或者展现形式的角度看，一个栏目应当符合两个基本条件。

首先，存在上级页面或其他页面指向它的超链接入口。目前，政府网站上常见的栏目入口包括图片区块、导航文字、内容展示三类，此外还包括动画、飘窗、嵌入式视频，以及无障碍栏目使用的快捷键入口等方式。

其次，点击超链接入口后，会出现一个独立的页面展示其基本内容。从内容的组织方式看，政府网站栏目又可以划分为信息列表式栏目（如新闻动态类栏目）、互动服务类栏目（如领导信箱栏目等）、辅助技术类栏目（如站内搜索、网站地图等）三大类。

从技术层面看，政府网站栏目是比较清晰的，但从网站服务优化的角度看，不同类型的政府网站栏目所承载的政府网上公共服务职能和政府行政业务类型各有差异，因此还需要从业务的角度对政府网站栏目进行解读。从业务内容的角度，可以将政府网站栏目解读为以下三个层面。

---

① 王建冬、于施洋：《基于用户体验的政府网站优化：动态调整栏目》，《电子政务》2012年第8期。

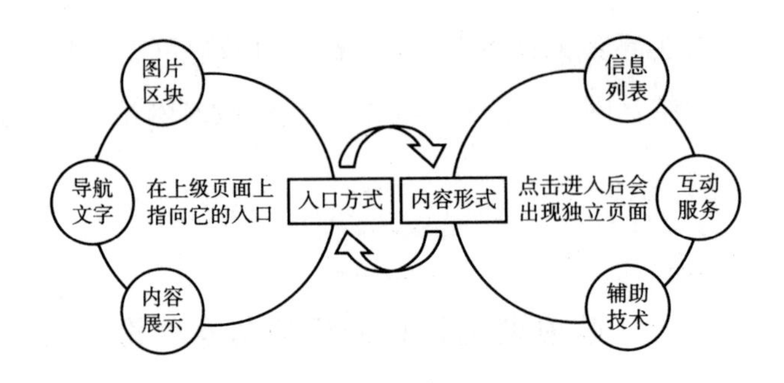

图 7－1　政府网站栏目的技术定义

首先，政府网站栏目是政府网站上海量服务信息资源的归类体系，政府网站通过一级、二级、三级栏目的方式，将网上信息资源划分为一个相对规则的层次结构体系，从而便于用户进行分类浏览与信息查找。

其次，从互联网用户的角度来看，政府网站栏目还是公众使用政府网上公共信息服务的窗口或界面。政府网站栏目的界面设计、信息架构、内容组织、功能设置等，都关乎政府在互联网上的服务形象，可以看作网上政府的具象体现。

最后，从政府部门业务履职的角度看，政府网站栏目是政府行使互联网世界公共服务职能的渠道，其服务界面的背后，应当对应一个或几个政府业务部门的业务职能，只有以业务职能为支撑的政府网站栏目才有生命力。

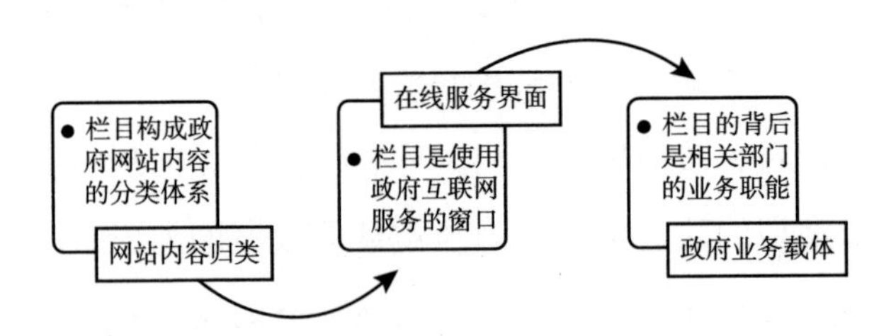

图 7－2　政府网站栏目的业务定义

2. 政府网站栏目的技术功能

栏目是网站服务的载体，是服务内容与服务形式的组合。同样的服务内容以不同的形式展现，就会成为不同的栏目，因此不同栏目有可能对应的服务是相同的。比如说政府网站的政务大厅中，通常按服务场景、服务对象、办事类别、服务机构等形成了不同栏目，但其所对应的服务内容（办事事项）则可能是相同的。从政府网站栏目功能背后的行为模式来看，可以把政府网站栏目划分为两种类型：一种是浏览类栏目，包括政务公开和新闻中心等；一种是互动类栏目，包括网上办事和政民互动。需要说明的是，这里所说的行为模式，是指功能而不是栏目本身的行为。如果纯粹从栏目的角度看，实际上新闻中心也属于互动栏目，因为很多政府网站的新闻都加有网友评论功能，实际上也带有互动功能。因此，判断栏目是否属于互动类栏目，要看栏目的主要功能是否带有互动特征。对栏目技术功能的分析可以从以下两个层面展开。

首先，从其形式上看，政府网站栏目功能应当包括主要功能与辅助功能两个层面。

所谓栏目的主要功能，就是实现栏目设置目标所需的基本功能。这些功能分别对应于栏目目标分解后的某一个侧面或某一个环节，互不交叉重叠。按照栏目行为类型的不同，栏目的主要功能实际上包括以下两种类型：对于浏览类栏目而言，栏目的主要功能是指信息公开所涵盖的内容主题的范畴分类，如新闻栏目的主要功能可以划分为经济、政治、文化、教育等（按主题分类）。互动类栏目的主要功能是指栏目行为链条的各个功能环节，如对于一个互动交流类栏目而言，其主要功能可以包括提交表单、处理结果查询、用户满意度反馈、过往处理事件列表等（按流程分类）。所谓栏目的辅助功能，则是旨在提升栏目主要功能服务效果的补充功能，是支撑或服务于各个主要功能的配套功能。对于浏览类栏目，其辅助功能主要包括打印、评论、推荐、文章排序等。对于互动类栏目，其辅助功能主要包括热门事件排序、反馈情况统计、相关法规制度的说明、使用帮助等。

从主要功能和辅助功能的角度看，政府网站栏目的三大功能分类，即政务公开、在线办事、政民互动[①]之间存在一些边界不清的问题。举例来说，一些政府网站的信息公开栏目在每条信息之后增加了一个网友评论功能，这属于栏目的辅助功能；从栏目的主要功能看，该栏目属于政务公开，但从辅助功能看，却又具备政民互动的功能。仅就栏目的主要功能而言，有些栏目同样也很难说清其功能归属。比如说“办事公开”栏目，既属于在线办事，也属于政务公开；“申请信息公开”栏目，既属于政务公开，也属于政民互动。对于这类栏目而言，其主要功能实际上是“分面”的，从不同侧面看，有不同的功能类别。

对于网站来说，栏目是内容组织的基本单元，功能应当是栏目组合之后展现给用户的服务界面。而从网站的三大功能出发去设计栏目，就会带来栏目与功能的不对应。比如信息公开栏目中也可以提供政民互动功能（如申请公开、公开质量反馈等）；政民互动栏目也可以提供信息公开功能（如新闻发布会等）；在线办事栏目的办事结果满意度反馈也可以归入政民互动的功能范围。在这种情况下，网站的三大功能和网站栏目之间是交叉的，相互之间对应错位、相互缠绕、区分不清的问题普遍存在。笔者认为，这恰恰是目前我国政府建网站时普遍遵循的错误思路——即以功能为标准设计栏目，结果很多栏目都似是而非，难以判断功能归属。未来应当重新理顺栏目和功能的关系。遵循从栏目到功能，而不是从功能到栏目的思路，不要强行按照三大功能去组织栏目。网站建设应当按照以实体栏目为主的建设方式进行，实体栏目的设置则可以与政府职能和用户需求直接对应，以免出现目前这种三大功能与栏目对应不清，进而导致栏目更新维护责任主体不明的问题。

其次，从用户行为的角度看，政府网站栏目为用户提供了如下信息查找、浏览和使用的技术渠道：浏览信息（文字、图片、音频、视

① 张向宏、张少彤、王明明：《中国政府网站的三大功能定位——政府网站理论基础之一》，《电子政务》2007年第3期。

频）、下载富媒体（表格文档、政策文档、图片等）、打印页面、邮件推荐、提交表单（发表评论、参与互动、办事申请、信息检索）。栏目的用户行为可以划分为单向信息行为和双向信息行为两类。所谓单向信息行为，是指用户以单纯接收信息为主，不存在与网站之间的互动和交流，较典型的是浏览信息等；而双向信息行为，则是指用户在接收信息的同时，还生产出一些与个人办事或沟通交流需求相关的信息，并提交给了网站，如参与互动、在线办事等。

需要指出的是，这种区分也是以栏目的主要功能为依据开展的。如果不加区分，那么几乎所有政府网站栏目都属于双向信息行为。举例来说，很多政府网站栏目尽管是信息浏览性栏目，但网站在信息内容底部同时提供了留言评论的功能，那么从栏目用户行为的角度讲，用户在浏览信息时同样也可能提交一些个人评论或留言信息。但从栏目主要功能的角度讲，该栏目的留言板功能属于辅助功能，而其主要功能则是浏览信息，因此还是应当将其归入单向信息行为的类别之中。

表 7－1 以某市政府门户网站为例，对政府网站栏目的用户行为模式进行初步归纳。

表 7－1　某市政府网站栏目的行为模式

服务剖面上的信息流向模式		政府网站的典型应用	行为链条
单向流动	政府—用户	大部分栏目，如政务公开、新闻中心等；部分政民互动栏目，如新闻发布会、听证会、参政议政建言献策等	在线发布—网友浏览（评论）
	用户—政府	向市纪委监察局举报	在线举报—政府受理
	用户—用户	图片分享、在线论坛	网友上传—网友评论
双向流动	政府—用户—政府	立法征集、意见征集、政风行风热线	发布主题—网友参与—过往列表
	用户—政府—用户	市长信箱、企业服务直通车	提交申请—政府处理—结果查询—满意打分—过往列表
	用户—用户—政府	发起市民话题	市民发起话题—网友参与—热门话题提交政府处理

3. 政府网站栏目的内容建设方式

目前，我国政府网站栏目的内容建设方式大致可以归纳为四种：一是本栏目自建，包括内容建设（浏览类栏目）和技术建设（互动类栏目）两部分。二是共用站内其他栏目资源，即网站栏目虽然页面地址不同，但读取同一个后台数据库表，内容同步更新。具体又包括全部共用和部分共用：全部共用如一些部委网站的新闻中心下各个二级栏目，信息是采集自各个业务司局子站动态内容；部分共用如一些部委网站采用编辑推荐等方式，对各个地方系统网站上的优秀内容进行荟萃展示，这种方式允许子站编辑在后台更新新闻时选择推荐到某一个栏目，这实际上是一种部分共用的交叉关系，可以使得栏目与栏目之间的对应关系更加灵活多样，且不会造成额外工作量。三是提供相关网站资源的导航，即其基本内容来自本网站其他栏目。四是直接跳转到其他网站，比如很多地方将政务公开、办事大厅等建设成为独立网站，政府门户网站上相关栏目仅提供一个入口，用户点击进入这些子站后实际上已经离开门户网站。这种内容建设方式的多样化，在一定程度上增加了政府网站栏目体系的复杂度——用户可能会通过不同的渠道找到同一项服务内容，这是比较理想的情况。但另一方面，政府网站在历次改版时所遵循的栏目建设原则和内容保障机制各有差异，很可能出现一些被淘汰或“废弃”的栏目内容通过其他访问渠道依然可以访问，这样用户就会通过不同渠道找到同一服务内容的不同版本，就会给用户造成使用上的很大困扰。

以上各种内容建设方式，实际上是和网站背后的技术支撑和内容支撑体系设置密不可分的。值得指出的是，对于诸如新闻动态、站内搜索等具有横断性支持性质的栏目而言，采用集约化建设的方式组织起来效果更好。例如，成都市政府网站就以新闻中心为各个子栏目提供横断性支撑，其“焦点专题”栏目，打包集成了安居成都、魅力成都、信息公开等多个栏目中的专题性子栏目的内容。这样一来，多个新闻子栏目则同步更新到其他栏目的新闻动态类子栏目，就能够保证网站以一个专业新闻编辑团队支撑全站建设，使网站各个栏目得以集中更新维护、保障网站栏目内容的联动性。从成都经验来看，网站应当重点建设若干栏目，如三大功能 + 新闻中心。其他栏目应当尽量整合和复用重点栏目的内容，方能保障栏目更新的力度和频率。以成都市政府门户网站为例，其旧版的魅力成都栏目中，共用新闻中心的几个栏目更新及时，访问量也高，但该栏目自有的十余个栏目则更新频率相对低得多①。

当前，我国政府网站栏目与政府职能之间存在脱节的现象，只有少数栏目的维护做到了与政府的职能对应，而大部分栏目都无法归入现有的政府职能之中。在互联网社会到来的背景下，政府的网络服务将成为政府职能中一个核心的环节。因此在未来的制度设计中，应当考虑将那部分没有纳入现有政府职能的网站管理职能，设计成为新的正规的政府职能单元。要将现有的网站栏目和功能转化为政府服务，并纳入政府日常工作之中。举例来说，网上公开某一类信息，要对应到某一个职能部门或某一个人的职责，成为网站管理部门的一项服务。为此，可以考虑在互联网服务领域设置政府互联网服务处/局，专门负责政府互联网服务的组织、协调、管理和维护。互联网服务处/局负责网站的技术服务和集成服务，负责对各个部门的基本服务提供通道，开展服务资源的集成和综合，通过提供办事大厅、服务中心、提供搜索和目录服务等技术手段，实现服务资源的内容汇编、形式再造和接口聚合，从而把网站管理部门变成为一个业务部门。这个业务部门可以定位于政府网上服务的归口部门，它本身不提供任何基本服务，而只是提供服务的入口和出口；具体的政府网上业务服务运作归相关职能部门负责，而服务的协调和管理则归该部门管理；各个业务部门提供网上服务，但这些服务的入口都要经过互联网服务处/局。

---

① 2011 年底，成都市政府网站改版后，该栏目已经被合并到认识成都栏目之中。

二　政府网站栏目服务绩效分析

政府网站栏目的界面设计、信息架构、内容组织、功能设置等都可以看作政府在线履职、服务公众的体现，政府网站栏目的绩效，实际上可以映射出政府在线公共服务的绩效。传统的政府网站服务绩效评价，主要是从政府网站全站的层面提出一系列评估指标。这些评估指标大多从网站三大功能入手，对政府网站的二级栏目设置评估点。如中国软件测评中心2012年提出的《2012年政府网站绩效评估区县（市）政府指标体系》[①] 中，就政务公开设置了22项二级指标，其中每一个指标均对应于一个栏目的设置。举例来说，“政府机构”指标，主要考核本级政府隶属机构基本情况的介绍性栏目设置情况，并规定该栏目中需提供机构名称、职能、地址、联系方式（电话、邮箱、邮编）和联系人等信息。应当说，通过这种以内容规范度为导向的绩效考评，有助于政府网站形成统一的服务界面和服务内容，从而确保政府网站服务内容建设力度的整体性提升。如今，我国政府网站经过十余年的发展，在内容供给方面普遍取得了较大进展。以下本小节从用户体验和用户满意度的角度，提出了一些新的政府网站栏目服务绩效分析指标。

1. 栏目吸引力评价指标

对于政府网站而言，其所提供的服务内容虽然属于均等化公共服务，但对于不同栏目而言，其在面对特定的目标用户群体时，能否有效吸引用户的注意力，并深度使用服务，是栏目能否充分发挥其公共服务效能的重要环节。政府网站栏目的吸引力可以从以下几个方面进行评价。

① http://www.harbin.gov.cn/info/news/zwxxgk/zfwzjs/detail/314488.htm.

（1）栏目首页吸引力。该指标有两种计算方法：一是用户着陆到网站栏目首页之后，继续浏览相关信息和页面的比例；二是通过栏目首页热力图分析，点击量相对较高的区域占整个页面面积的比例。该指标能够指导政府网站栏目运维人员改进栏目首页的内容设计，将更多能够吸引用户眼球的内容放到醒目位置。

（2）栏目用户回访率。即访问过该栏目的用户中，后续多次访问该栏目的比例。该指标能够指导政府网站栏目运维人员提高栏目内容的质量，加大栏目内容的更新力度和提高原创性。

（3）栏目内容吸引度。即该栏目用户的平均页面停留时间与政府网站中最高的栏目用户平均页面停留时间之比。对于政府网站而言，不同栏目对应不同的政府公共服务内容。该指标能够反映栏目服务内容吸引用户深度阅读或使用交互功能的能力。

（4）栏目入口效率。如前文中对栏目所定义的，所有栏目都在其上级页面上有一个指向它的入口链接。可以使用着陆到上级页面用户所访问第二页栏目的人次占上级页面总访问人次之比来计算栏目入口效率。本书前文曾总结很多提高栏目入口效率的方式。比如：上级页面栏目入口区域应当尽可能地显示导航栏目的部分内容或内容简介，便于用户明了栏目内容定位，提高其点击进入的可能性；上级页面入口导航的说明文字应当做到简洁明了、易于理解，尽量采取用户习惯或政府网站通用语言，避免造成用户不理解或误导用户的问题；入口采用标签页设计时，应当注意提高翻页标签的醒目度，尤其要注意避免采用将翻页标签置于页面右侧或下方等不符合用户行为习惯的设计方案，等等。

2. 栏目影响力评价指标

对于政府网站而言，如何提高政府发布的权威信息在互联网上的影响力，是一个重要课题。2013 年 10 月发布的《国务院办公厅关于进一步加强政府信息公开回应社会关切提升政府公信力的意见》（国办发

〔2013〕100号）指出[①]，要探索“更加符合传播规律的信息发布方式”，并“扩大发布信息的受众面，增强影响力”。政府网站栏目的影响力可以从以下几个方面进行评价。

（1）栏目地域辐射度。即栏目中国用户中外地用户数与栏目中国用户数之比。该指标主要反映外地用户对于栏目服务内容的兴趣度，对于一些区域中心城市或旅游城市而言，具有一定参考意义。

（2）栏目社会化媒体影响力。即着陆到该栏目的用户中，来自微博、博客、微信、论坛等社会化媒体用户所占比例。随着近年来社会化媒体的大行其道，社会公众往往习惯于通过这些信息传播渠道获取信息。通过社会化分享等方式，能够将政府网站内容主动推送到社会化媒体中，从而有效提高该指标的表现水平。

（3）栏目搜索用户影响力。即着陆到该栏目的用户中，来自主流搜索引擎用户所占比例。搜索引擎是互联网公众查找信息的首选渠道。样本统计数据显示，我国政府网站搜索来源占比为29.13%；而很多商业网站搜索来源占比则远高于此。政府网站应当通过开展搜索引擎优化等技术手段，提高各个栏目的搜索用户影响力。

栏目搜索用户影响力指标还可以通过栏目信息的搜索引擎收录率（以百度为例，即栏目的百度收录页面数占栏目页面总数之比）来表示。上述两个指标具有比较强的相关性，栏目信息搜索引擎收录率指标越高，则用户通过主流搜索引擎找到栏目相关内容的可能性越高，栏目用户搜索来源比例也就越高。

3. 栏目内容建设情况

目前，大部分政府网站绩效评估指标均主要关注栏目内容的建设情况，但这些评估指标大多是依靠专家评判的方法，主观性较强。从用户

---

① 《国务院办公厅关于进一步加强政府信息公开回应社会关切提升政府公信力》［EB/OL］. http：//politics. people. com. cn/n/2013/1015/c1001－23204203. html。

访问行为的角度，也可以设计出一系列栏目内容建设情况的绩效指标。具体包括如下方面。

（1）栏目页面访问增长率。即栏目新访问页面数与栏目历史被访问总页面数之比。具体来说，该指标的提升与两方面有关：一是栏目运维人员需要更新较多新信息；二是这些新信息得到网站用户的关注。因此该指标能够综合反映近期网站栏目内容更新的力度和效果。

（2）栏目用户增长率。即栏目新增用户数与栏目历史用户总数之比。该指标与上一指标含义大体类似，但侧重点略有不同。栏目用户增长率指标更多强调栏目对于新用户群体的辐射能力；而栏目页面访问增长率则更多关注栏目新增内容本身的被关注情况，其目标用户群体则不一定会明显增加。

（3）栏目信息资源利用率。即栏目被访问页面数与栏目页面总数之比。政府网站是典型的公共物品，政府机构花费人力物力建设的网上信息资源，被互联网用户使用越多，则其资源投入的效率就越高。因此该指标能够较好地反映一个网站栏目的投入产出效益情况，政府网站应当通过提高搜索引擎可见性①、加大栏目宣传力度等方式扩大影响力。

4. 栏目导航性能

栏目的导航系统性能直接关系用户在栏目内部和栏目之间游走查看相关信息的便捷度与可能性。对于栏目而言，其导航系统大致有两类：一类是栏目内部的分类体系（下一级栏目列表），即局部导航；一类是栏目之间的相关导航（包括在栏目首页提供的相关栏目链接，或者具体内容页提供的相关页面链接等）。栏目导航性能的评价可以包括以下几方面。

（1）栏目导航系统有效度。即着陆到该栏目用户的总访问页面数

---

① 于施洋、王建冬、刘合翔：《基于用户体验的政府网站优化：提升搜索引擎可见性》，《电子政务》2012 年第 8 期。

与这些用户的着陆页面数之比。从用户行为的角度分析，着陆到该栏目的页面数实际上代表了该栏目面向网民开放的入口“宽敞度”，而网民通过这个入口进入网站之后，会通过各类导航系统继续浏览页面，对于一个特定栏目而言，网民最终浏览的页面数越多，则大致上可以说该栏目中所设置的导航功能越有效。

（2）栏目用户感应度（前向关联度）。产业经济学中，有产业前向关联度和后向关联度的概念，用来表征在经济活动中各产业之间技术经济联系的紧密程度①。对于政府网站用户而言，栏目可以看作其在政府网站浏览信息过程中的一个个节点。栏目与栏目之间可以基于用户访问序列关系而产生前后向联系。所谓栏目用户感应度，也即栏目前向关联度，可以用栏目用户中着陆到其他栏目的用户所占比例来表示。栏目用户感应度主要表征该栏目吸引其他栏目着陆的用户的能力，该指标越高，一般说明该栏目属于网站用户浏览信息的枢纽，比如网站的首页、在线帮助中心、网站地图、站内搜索等均可能具备这类特征。

（3）栏目用户扩散度（后向关联度）。即着陆栏目用户中浏览其他栏目的用户所占比例。栏目用户的扩散度可以表征用户在某一个栏目节点上继续浏览其他栏目的概率高低。该指标的提升，需要借助良好的栏目间相关推荐功能的设置。目前，政府网站上尽管一般都提供有推荐功能，但大多不是基于内容的相关性，而是简单的热点推送或最新信息推送等，其效果并不理想。通过该指标的考核，能够帮助政府网站栏目运维人员提高栏目间相关推荐功能的效果。

5. 栏目技术可用性

所谓可用性，是指一个信息系统或产品可以被特定的用户在特定的境况中，有效、高效并且满意达成特定目标的程度②。对于政府网站栏

---

① 周松兰、刘栋：《产业关联度分析模型及其理论综述》，《商业研究》2005年第5期。

② 王建冬：《国外可用性研究进展述评》，《现代图书情报技术》2009年第9期。

目而言，其技术可用性包括各种技术功能易用、技术兼容、出错率较低、异常访问情况较少等。政府网站栏目技术可用性可从以下几个方面进行考核。

（1）技术兼容性。技术兼容性是指网站栏目页面信息在不同浏览器、分辨率或移动终端操作系统中正常显示或技术功能可用的水平。从用户行为的角度分析，在兼容性较差的浏览器或分辨率下，用户访问质量往往相对较低，如页面停留时间很短、跳出率很高等。基于此，可以用着陆栏目用户中高访问质量浏览器/分辨率/操作系统（即页面平均停留时间和跳出率满足一定阈值条件）的使用人次占着陆栏目总人次之比来计算。

（2）访问时间合理性。政府网站用户访问的时间规律一般符合“双驼峰”特征，反之，如果一个政府网站栏目用户的全天 24 小时访问严重偏离双驼峰特征，则可以认为该栏目存在一定程度的机器点击等异常访问数据。如此，可以使用栏目工作日时间访问人次占工作日栏目总访问人次之比来评估栏目访问时间的合理性，并设定某一区间之访问数据为合理访问数据。

（3）页面刷新率。栏目页面刷新率是一个经验性指标。一般而言，如果大量用户在某一个页面上进行频繁页面刷新操作，则该页面很可能是因为加载时间过长、某些内容缺失、技术功能（如表单文本框或按钮）不可用等，导致用户误以为是页面加载不完整，从而通过反复刷新来重新加载该页面内容。因此，如果一个栏目中页面被用户频繁刷新的比例较高，则该栏目页面下访问出错的概率也会较高。当然，由于目前大量页面使用 AJAX 局部自动加载等技术，在实际监测中情况可能会非常复杂，因此在应用该指标时需要十分小心。

三　栏目用户需求满足度分析

以上主要从政府网站的技术架构角度分析了网站栏目数据分析

与优化的方法，以下两小节主要从业务内容的角度进一步论述栏目服务的优化。本小节主要论述栏目用户需求满足度的分析与优化方法。

政府网站栏目用户的需求满足度是标识政府网站栏目所提供的服务切合用户实际需求程度的重要指标，它既能够反映网站服务实际效果，也能够帮助网站分析人员定位政府网站栏目服务调整和改进的方向。服务供给属于生产方的内容，需求满足属于消费方的内容，两者如果能够基本匹配，说明网站服务的供需基本一致，相互有效衔接，双方都满意。如果内容匹配少，说明消费与供给有可能发生脱节，不满意度较高。尤其是多数用户持续需要的刚性需求信息，如果不能有效供给，对网站的不满意度有可能上升得较快[①]。总体而言，政府网站栏目用户需求满足度的高低主要由以下两方面因素决定。

一方面是网站栏目服务本身内容的定位（包括栏目编排、内容定位、栏目命名方式等）与用户需求之间的匹配程度，如果栏目定位和用户实际需求不符，则吸引来的用户的需求就会与栏目内容之间形成较大脱节，从而导致栏目需求满足度较低。这是政府网站用户需求满足度低的根本原因。

另一方面，政府网站栏目服务运行过程中的一些技术因素，比如网站用户来源渠道等，也会对网站栏目用户需求满足度造成影响。举例来说，某些栏目可能由于搜索引擎可见性优化不到位，使得搜索引擎所“理解”的栏目内容主题与栏目实际的内容定位之间可能会存在一定偏差。这样，用户在搜索搜索引擎理解的主题时，就会被搜索引擎“误导”到网站栏目之中，从而造成用户的实际需求和栏目实际内容之间不匹配。

从用户实际需求的表达情况来区分，可以将网站栏目的用户需求满

① 张勇进、杨道玲：《基于用户体验的政府网站优化：精准识别用户需求》，《电子政务》2012年第8期。

足度划分为站外搜索需求的满足度和站内搜索需求的满足度。以下部分，分别对上述两种情况进行分析。

1. 用户站外搜索需求满足度

政府网站栏目用户站外搜索需求满足度，是指通过搜索引擎来到网站的用户中，访问不同栏目时其实际需求被栏目内容所满足的程度。用户的站外搜索需求直接体现为站外搜索时所用的关键词信息，因此，我们使用无效站外搜索关键词比例指标来表征栏目用户站外搜索需求的满足度。在进行分析之前，需要明确的一个问题是无效站外搜索关键词比例指标的适用性问题。对于不同类型的政府网站，上述指标含义不同。对于一些部委行业网站而言，不存在用户的地域差异问题；但对于地方性网站而言，存在大量外地用户，这些用户中尽管有部分用户确实需要使用网站服务，但大多数非本地用户的需求是随机的。

举例来说，某北京用户搜索“企业年检审批流程”时，他所希望寻找的是北京市当地工商部门对企业年检审批流程的规定。但由于目前政府网站搜索引擎优化度普遍较低，搜索引擎不能很好地分辨不同地区的政府服务信息的所属地。反映到搜索结果上，就是上述北京用户最后所得到的搜索结果可能是成都市的一条“企业年检审批流程”服务信息。用户在没有进行仔细识别时，很可能直接点击进入成都网站。如此，这实际上是一条“随机”进入成都网站的外地用户使用信息。

因此，在使用无效站外搜索关键词比例指标分析某一地区政府网站时，需要首先剔除非本地用户的使用数据。在此基础上，我们定义无效站外搜索关键词为：通过搜索引擎来到某栏目的用户中，跳出率高于某一阈值（如90%）且平均访问时间低于某一阈值（如5秒）的关键词。通过定义可以看出，这实际上说明这部分用户通过搜索引擎到达该栏目后，几乎没有查看任何内容就跳出了。由此，我们使用无效站外关键词比例代表站外搜索用户需求和网站栏目内容主题之间的不匹配度。

基于上述指标，以C市政府门户网站为例，对其中的“政务公开”

和“政民互动”两个一级栏目下的二级栏目用户的站外需求满足度进行分析。基本结果如下。

（1）政务公开栏目的需求满足度分析。对 C 市网站政务公开一级栏目下的 12 个访问量较大的二级栏目的无效站外搜索关键词比例指标分别进行了计算，结果如表 7 – 2 所示。

表 7 – 2

单位：%

栏目	比例	栏目	比例
表彰公示	15.6	领导动态	0.4
政策法规	5.8	区市县动态	0.2
便民电话	4.6	统计数据	0.1
政府文件	3.0	公开查询点	0.0
政府公开电话	1.0	人事信息	0.0
党政要闻	0.5	政务公开	0.0

通过表 7 – 2 发现，C 市网站政务公开二级栏目中，表彰公示栏目无效搜索词比例较高，达到 15.6%，说明该栏目的用户需求满足度较低。通过对该栏目内容的进一步观察发现，该栏目的无效关键词主要为检索表彰文件起草规范的检索词。比如搜索“表彰范文”、“表彰公示”等信息。这说明该栏目的用户中，有相当一部分用户是公务员用户，他们并不关注表彰的内容本身，而只是想查找公文范本。

基于上述分析，我们建议对该栏目进行栏目定位和组织编排上的优化：

其一，在 C 市政府门户网站上增加“公文范本”专栏，并使用“表彰规范”、“表彰格式”、“表彰标准”等词作为网页关键词，提高搜索引擎对这类服务内容的识别准确性。

其二，在原“表彰公示”栏目和“公文范本”专栏之间增加跳转链接，方便被搜索引擎误导到网站栏目中的用户通过超链接找到自己所需的内容，从而提升栏目内容的黏度。

（2）政民互动栏目的需求满足度分析。对C市政府门户网站政民互动一级栏目下的7个访问量较大的二级栏目的无效站外搜索关键词比例指标分别进行了计算，结果如表7－3所示。

表7－3

单位：%

栏目	比例	栏目	比例
听证会	10.4	给网站提意见	1.0
新闻发布会	8.3	市长信箱	0.5
市民话题	4.6	政府网站群	0.1
市民面对面	1.6		

从表7－3可以看出，C市政府门户网站政民互动类栏目中，听证会栏目无效搜索词比例最高，达到10.4%。进一步观察发现，听证会栏目的无效关键词主题十分散乱，如“C市太平洋电影院”、“汽车城大道”、“C市建院”等。这说明此类用户所希望查找的并非听证内容，而仅仅是因为主题相似而被“误导”到网站上来。

为此，我们提出对该栏目的如下改进建议：

其一，对听证会栏目进行关键词优化，在网页上增加“听证会”等关键词信息，方便搜索引擎识别网页主题。

其二，在每条听证会信息提交的同时，后台管理员需设置听证会的主题词，在系统前台界面上，增加“相关信息”栏目，显示在听证会页面左侧下方。显示在C市政府门户网站的政务公开、办事服务、企事业公开等各个栏目中包含本次听证会主题词的页面标题链接列表。

与该栏目相似的还有“新闻发布会”栏目，用户无效搜索词比例达到8.3%。通过观察同样发现，通过搜索词到达该栏目的用户中，除少量搜索C市政府、C市、C市新闻发布会等的明确以浏览为目的的用户利用这类搜索词浏览的页面数和平均停留情况较好之外；其他大量

“长尾”部分关键词均为具体办事事项，如“C市办公用水单价”、“高层次人才现状”、“C市经济适用房管理”等，跳出率均很高，属于无效搜索词。

分析C市新闻发布会栏目的设置后发现，目前C市新闻发布会的相关栏目，包括“现场实录”、“新闻发布词”、“图片报道”、“往期发布会”等，实际上均是只与新闻发布活动本身有关的内容报道信息。往期发布会的功能是一个帮助网友浏览信息的链接功能，但实际上很少有用户有兴趣一期一期地浏览发布会的信息。由此可见，缺少对新闻发布相关内容的拓展性服务供给，是该栏目用户大量跳出的重要原因。

为此，我们提出对该栏目的如下改进建议。

其一，拓展新闻发布会栏目服务内容的广度和深度，在每期新闻发布会发布信息的同时，要求栏目承建单位同时提供与此次发布会内容密切相关的政府政策、机构名录、媒体报道等背景性信息内容。

其二，在每条新闻发布会信息提交的同时，后台管理员需设置新闻发布会的主题词，在系统前台界面上，增加“相关信息”栏目，显示在新闻发布会页面左侧下方。在C市政府门户网站的政务公开、办事服务、企事业公开等各个栏目中显示包含本次发布会主题词的页面标题链接。给到达新闻发布会栏目的用户提供深度浏览的入口。

其三，对新闻发布会栏目进行关键词优化，在网页上增加“新闻发布会”等关键词信息，方便搜索引擎识别网页主题。

2. 用户站内搜索需求满足度

网民通过站内搜索功能输入相关关键词查找所需要的服务内容，搜索结果的点击情况在一定程度上反映了网民需求得以满足的满意程度。我们将站内搜索结果点击率定义为点击了搜索结果的搜索次数占总搜索次数的比例。可见，站内搜索结果点击率是衡量站内搜索实际效果的重要指标。据笔者对政府网站的不完全统计发现，目前我国政府网站的站内搜索结果点击率普遍不高，一般为 20% ~25%。这说明用户使用站内搜索时，大多数时候的搜索结果都不能满足其要求。

以下以某农业政府网站为例，分析该网站上用户搜索各种与农产品相关的搜索词时，不同类型农产品用户的搜索次数（用户需求度）和搜索结果的点击率（需求满足度）。结果如表 7 -4 所示。

表 7 -4　某农业政府网站站内搜索用户需求综合统计

单位：%

需求主题分布	用户需求度	需求满足度
粮油产品	23.54	19.41
果蔬产品	29.73	17.96
畜禽产品	27.60	28.85
花草树木	4.96	24.43
农业相关*	14.16	19.44

注：* 即与农业生产相关的各种物资产品，如化肥、农机、种子等。

以横轴标识用户搜索每一类信息时的用户需求度，以纵轴标识用户搜索该类关键词的需求满足度，分别用五类主题信息的用户需求度和需求满足度的平均值作为分割线（虚线），绘制出站内搜索用户需求分布图，见图 7 -3。

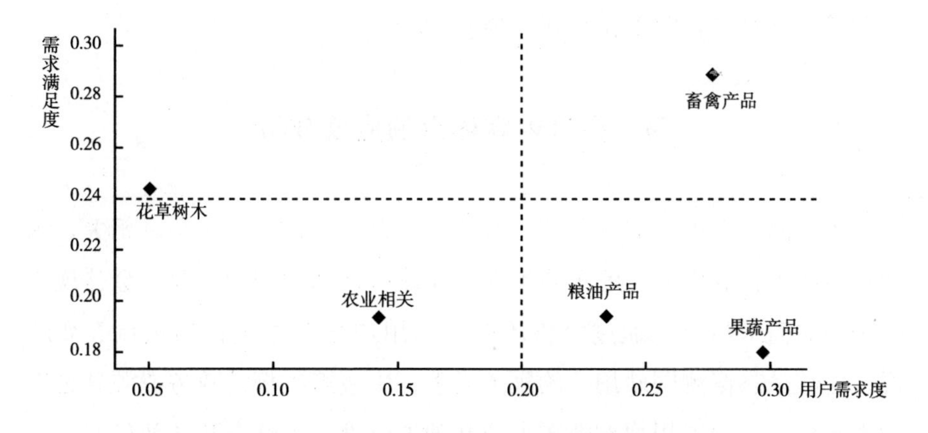

图 7 -3　某农业政府网站站内搜索用户需求分布

分析图7－3后，对该农业政府网站相关栏目服务的优化改进提出如下建议。

其一，畜禽产品的用户需求度和需求满足度均较高，说明这类信息既是群众高度关心的内容，也是该农业政府网站积极建设和重点服务的方面。应当继续加大这类栏目的服务力度，丰富服务的形式，争取全方位进一步优化用户使用体验。

其二，花草树木类的需求满足度稍稍高于平均线，但是用户需求度相对较低。这说明该农业政府网站在该类栏目信息资源的组织实施方面效果比较好，但是仍有较大提升空间。分析该类的关键词，发现多为药材、树木种植类的词，如“冬虫夏草”、“红豆杉”、“竹柳”等。虽然该类信息与大部分用户的需求无关，但是它有自己特定的用户群体，即花草树木种植用户。该类用户的需求不可以忽视，应当在现有基础上，稳妥有序地继续推进相关栏目服务。

其三，粮油产品和果蔬产品两类信息的用户需求度较高，但是需求满足度很低，尤其是果蔬产品类的信息用户需求度最高，但是需求满足度却在五类信息中最低，两者之间存在较大差距，这说明这两类信息的栏目服务质量存在较大提升空间。建议重点针对这两类信息资源，进一步明确用户的需求，完善信息内容，丰富服务方式，争取全方位提升用户的需求满足度，改善用户使用体验。

四　栏目内容热点响应度分析

政府网站上提供的公共信息服务与老百姓的日常生活息息相关，因此本地或本行业内发生的重要事件，在政府网站的用户体验中会体现为一个个的需求热点。通过分析政府网站用户搜索关键词的热点突变情况，能够动态探测网站用户的服务需求，快速组织相关政务资源并设置动态专栏。在识别用户有效需求的基础上，进一步结合政务部门对用户服务需求响应能力和服务成熟度的判别，规划服务上网的力度、路径和方式。

例如，在2011年9月29日，作为国内“首个集生产、体验、消费、结算等音乐全产业链于一体的音乐主题商业街区”[①]的成都东区音乐公园正式开园迎客，当天创下了过百万游客的流量记录[②]。与此同时，在成都门户网站上，通过搜索“东区音乐公园”关键词来到政府网站的用户流量在国庆前后也出现了一次爆发式增长，如图7－4所示。

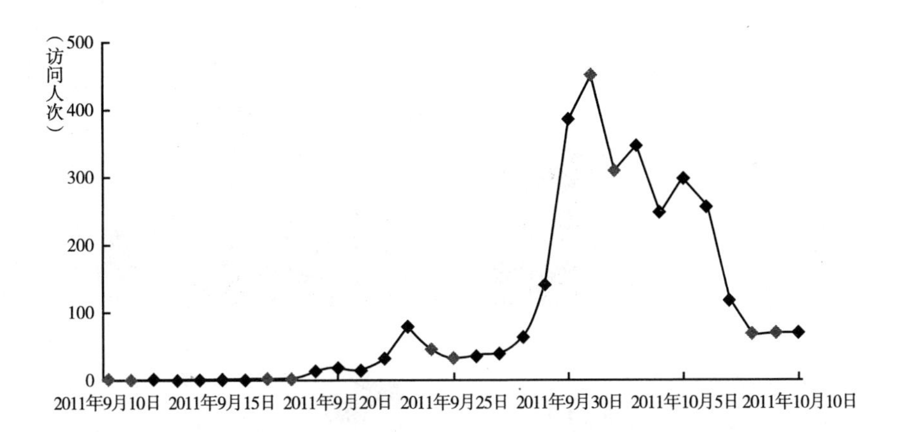

图7－4　成都网站“东区音乐公园”关键词的用户流量变化

通过这一案例可以看出，在社会热点发生前后，政府门户网站上的相关用户使用数据会形成一个个“热点”，如果能够采用技术手段，将这些热点自动探测出来，并及时指导政府网站的管理人员采取针对性措施，就能够有效地应对重要事件，提升政府公共信息服务的针对性和主动性。成都网站根据这一情况，在2012年春节期间，针对春节期间用户的特殊需求，专门推出了“成都春节周边民俗游”专栏，并且在首页最上方以专栏的形式展现，形成了良好的用户体验。

目前，一些国外网站分析研究者提出了一个叫做搜索部门页

① 《成都东区音乐公园29日开园》［EB/OL］，2011年12月10日，http：//www. dzwww. com/rollnews/news/201109/t20110915_ 7267555. htm。

② 《百万人气“挤爆”东区音乐公园　城东迎发展机遇》［EB/OL］.2011年12月10日，http：//cd. focus. cn/news/2011－10－12/1524624. html。

(Search Department) 的概念。即一些电商网站会根据近期搜索热点词而专门制作一个搜索结果页面，并将其设计成为一个类似其他固定栏目页的样式①。

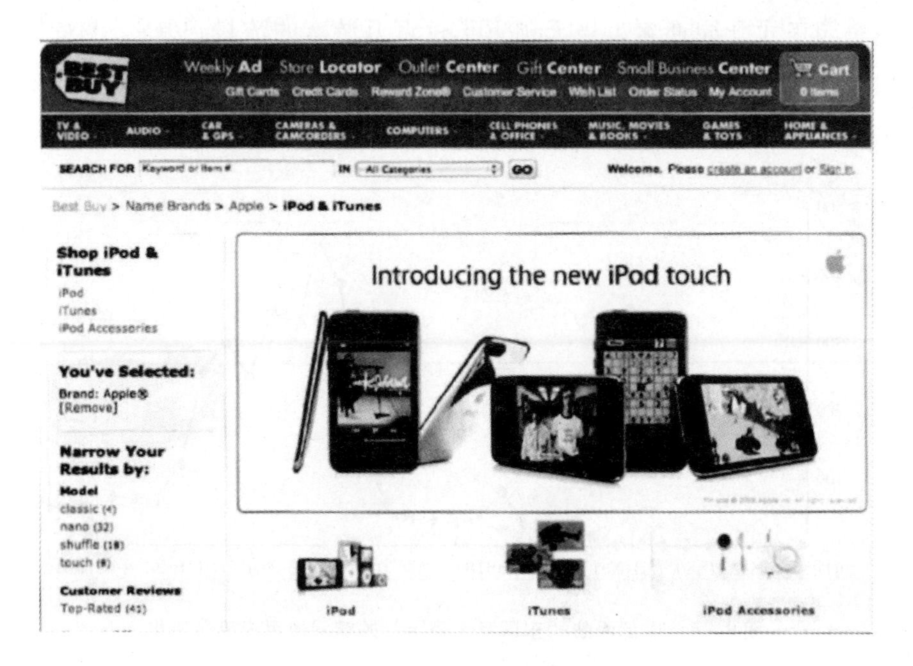

图 7-5　Bestbuy.com 网站为 iPad 搜索词定制的搜索部门页

搜索部门页技术实际上提供了一种快速响应网站用户热点需求的技术渠道，值得政府网站加以借鉴：基于网站用户需求热点探测技术，针对近期网站访问热点，由网站后台 CMS 自动组织并形成网站内容动态聚合页面，通过人工主题分类和内容审核后快速发布到首页热点服务区。

① 霍克曼：《网站设计解构：有效的交互设计框架和模式》，人民邮电出版社，2010，第 48 页。

第八章　网站栏目体系分析与优化

从第五章开始，我们实际上在按照“页面—页面关系—栏目—栏目关系”这样一个从微观到宏观的顺序开展研究。政府网站栏目是政府网上公共服务的基本载体，因此政府网站栏目体系可以映射到政府网站的服务体系之上。本章主要介绍了我国政府网站栏目体系设置的现状和基本规律，并对如何基于数据分析手段开展栏目体系的优化进行系统论述。

一　栏目体系分析的基本理论

1. 政府网站栏目体系的基本分类

当前，我国政府网站经过十余年发展，特别是各种以提高网站服务供给规范度为目标的网站绩效评估工作的不断开展，各级各类政府网站上的服务体系和栏目组织方式已经初步形成了一些基本模式。笔者曾以全国副省级城市的门户网站为样本，调研了政府门户网站的栏目设置。调研结果发现：全国各地方政府门户网站的栏目设置尽管从展现样式上看千差万别，但其内容组织的基本原则是相同的。

从政府网站一级栏目设置情况看，目前我国地方政府网站的一级栏目设置总体而言趋同性较为明显，并可以大致划分为三种模式。

一是以栏目内容为分类标准，目前大部分政府门户网站均遵循这种分类原则。按照有关规定，所有地方政府门户网站均明确设有政务公开、网上办事和政民互动三个一级栏目。此外，80%的地方政府门户网站开设有市情介绍栏目，栏目命名一般为“走进××”、“认识××”、“××概览”等；约60%的地方政府门户网站开设有“旅游服务”和“投资服务”一级栏目，其中旅游服务栏目的命名一般为“旅游××”、“游在××”、“魅力××”等；投资服务栏目的命名一般为“投资××”、“创业××”、“投资服务”等。

二是以服务对象为分类标准。按照用户类型划分多个频道，每一频道下再分别设置相关内容。如大连市政府门户网站将一级栏目划分为政府、市民、企业、旅游、三农五类用户①，宁波市政府门户网站划分为政府站、企业站和公民站②等。这种划分方法在二级栏目设置上可能存在的一个问题是：按规定，政府网站必须明确划分出政务公开、网上办事和政民互动三大功能，但三大功能和几个频道之间存在内容交叉，栏目设置很难做到兼顾。因此，目前政府网站大多采用折中的方案，即将三大功能放在政府频道之下，在其他频道中设置面向各种服务对象的栏目内容，但这其中同样存在大量栏目同时隶属于不同频道的情况。后文将对政府网站中的这种栏目交叉隶属关系做进一步分析。

三是运用用户和内容两个维度交叉组织栏目内容。如山东威海市政府门户网站在设置走进威海、信息公开、办事服务和公众参与几个基本栏目的同时，又设置了居民频道、企业频道、投资频道、旅游频道和三农频道等几个用户对象频道。这种模式的基本特点是

---

① http://www.dl.gov.cn/main.html.

② http://www.ningbo.gov.cn/.

栏目和频道之间存在较明显的交叉关系。内容之间的相互交叉也比较明显。

图 8－1　威海政府门户网站四大基本栏目与五大频道并存

进一步对政府网站的二级栏目进行梳理后发现：

（1）在政务公开栏目的二级栏目设置上各地标准比较一致。政策法规、规划计划、应急管理、人事信息、财政信息五个栏目的设置率超过 90%；统计信息、政府公报、重点项目、政府机构四个栏目的设置率超过 80%。这说明各地政府基本已经做到按照《政府信息公开条例》的规定设置重点栏目。土地拆迁、为民实事、社会公益、城乡建设、收费信息、社会救助、政策解读等七个栏目的设置率超过 40%。这其中大部分栏目，尤其政策解读、社会公益、为民实事等栏目的设置均比较有意义，应当鼓励更多地方开设。各地均根据自身实际情况开设一些特色栏目，很多可以作为先进经验在全国推广。如成都的“承诺事项”、青岛的“公务员考录”、济南的“政务调研”、宁波的“政府研文”、深圳的“审计报告”等栏目。

（2）网上办事栏目是各个门户网站的核心内容。它和其他诸多栏目，如投资服务、旅游服务，以及按照用户类型设置的各种频道之间形成很多交叉关系，在梳理时必须理清其构成的基本要素。综合来看，绝大多数政府网站均将办事栏目进一步划分为企业和个人两类，这样既能够满足分类的完全性和互不交叉性，又能够体现政府服务的具体内容，是比较理想的梳理路径。个人办事的二级栏目设置各地高度一致：其中生育收养、教育培训、医疗卫生、土地住房、劳动就业、兵役优抚、社会保障、婚姻登记、税务缴纳、交通旅游、出境入境、死亡殡葬等 12

个栏目的设置率为100%；户籍身份、文化体育、公用事业3个栏目的设置率在90%以上；公安司法、证件办理、职业资格、消费维权、老年服务5个栏目的设置率在70%以上。企业办事栏目相比个人办事栏目的设置一致性较低：没有100%设置的栏目，设置率90%以上的栏目仅“设立变更”一个；设立变更、年检年审、质量监督、资质认证、安全防护、建设管理、劳动保障、人力资源、财税事务、环保绿化、破产注销、知识产权、土地房产、商务活动、司法公证、项目申报、对外交流等17个栏目的设置率在60%以上。

值得注意的是，上述企业服务的栏目分类并不是同一个维度的：大部分栏目是根据业务类型来划分的；还有一部分栏目则是根据服务行业来划分的。从各网站的具体内容来看，这些栏目的内容与按照业务内容划分的栏目之间也不存在交叉现象。这说明这两种分类方法之间是互补的关系，即地方政府门户网站中，企业办事栏目的二级栏目分类实际上存在业务流程和行业类型两个维度：对于各行业具有共通性的业务流程环节，按照业务流程归并；对于各行业中具有特殊性的业务流程环节，则按照行业类型归并。

（3）政民互动板块的栏目设置比较分散，设置率在60%以上的包括领导信箱、在线咨询、民意征集、在线访谈、网上调查、在线投诉、网上信访等7个栏目。设置率在20%以上的栏目包括信息反馈、政风行风、政务论坛、新闻发布、网上听证、民众评价、会议直播、申请公开、网站建议、回复统计等10个栏目。这些栏目中，根据互动的技术手段来划分，可以分为文字留言、论坛、文字直播、视频直播、网上调查等几种方式；按照内容来划分，又可以分为咨询、建议、投诉、举报、感想五种方式；按照功能来划分，则除了上述栏目之外，还有信息反馈、回复统计等栏目。基于此，笔者建立了政府公共信息服务中政民互动服务的分类体系，见图8－2。

表8－1列出了对几类常见一级栏目下二级栏目设置率的调研结果。

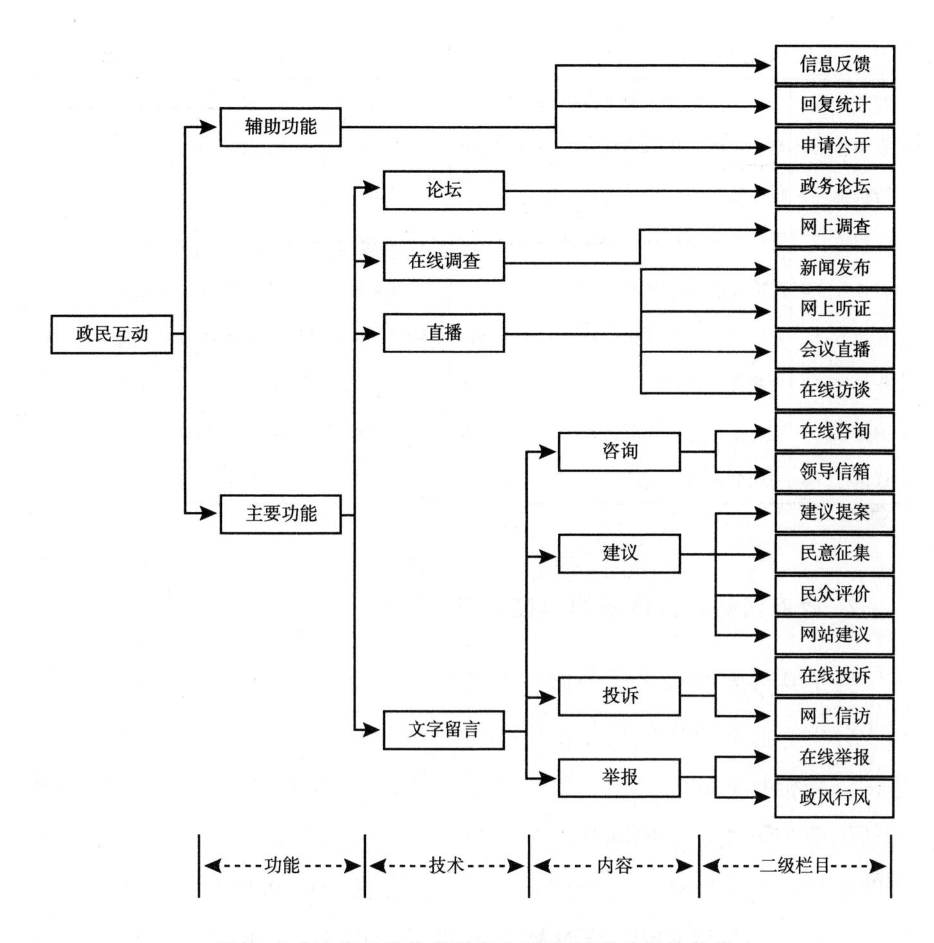

图 8－2　政府公共信息服务中政民互动功能的分类

表 8－1　全国副省级城市门户网站常见一、二级栏目设置情况

单位：%

政务公开		个人办事		法人办事		政民互动		市情介绍		投资服务		旅游服务	
政策法规	100	生育收养	100	设立变更	93	领导信箱	100	城市概况	80	投资政策	53	娱乐休闲	47
规划计划	100	教育培训	100	年检年审	87	在线咨询	87	经济发展	53	投资动态	53	餐饮服务	47
应急管理	100	医疗卫生	100	质量监督	87	民意征集	87	对外开放	53	招商项目	40	城市概况	47
人事信息	100	土地住房	100	资质认证	87	在线访谈	87	城市图片	53	企业办事	40	旅游动态	40
财政信息	93	劳动就业	100	安全防护	87	网上调查	80	人文旅游	53	投资环境	40	景点介绍	40
统计信息	87	兵役优抚	100	建设管理	87	在线投诉	67	历史文化	47	投资指南	33	交通信息	40
政府公报	87	社会保障	100	劳动保障	87	网上信访	60	城市建设	40	园区招商	33	购物服务	40

续表

政务公开		个人办事		法人办事		政民互动		市情介绍		投资服务		旅游服务	
重点项目	87	婚姻登记	100	人力资源	87	在线举报	53	民生状况	40	企业风采	27	住宿服务	33
政府机构	80	税务缴纳	100	财税事务	80	建议提案	53	城市年鉴	33	通知公告	20	电子地图	33
领导信息	73	交通旅游	100	环保绿化	80	信息反馈	40	地方志	33	服务机构	20	精彩图片	27
监督检查	60	出境入境	100	破产注销	80	政风行风	40	视频资料	27	专题栏目	20	线路设计	27
工作动态	67	死亡殡葬	100	知识产权	73	政务论坛	33	统计信息	20	咨询解答	13	节庆活动	20
工作报告	60	户籍身份	93	土地房产	73	新闻发布	27	区县概况	20	投资意向	13	旅游须知	13
采购信息	60	文化体育	93	商务活动	67	网上听证	27	自然地理	20	统计信息	13	郊县旅游	13
会议信息	60	公用事业	93	司法公证	67	民众评价	20	数字地图	20	招商活动	13	旅游互动	13

2. 政府网站栏目体系的内在规律

以上从基本的分类法角度，对政府网站的栏目体系设置规律进行了初步分析。值得指出的是，由于政府网站并非每个栏目的内容都是独立建设，其相互之间的共用、跳转关系，会导致网站栏目体系从基本的树状结构变为更加复杂的网状结构。这种栏目之间网状关系的形成，与政府网站栏目的内容建设方式密不可分。以某政府网站为例，其网站中栏目之间的内容共用[①]和链接跳转关系可以用图 8－3 来表示。图中，较大的节点为一级栏目，分布在较大节点之间，并且同时连接多个上位栏目的较小节点属于内容共用或链接跳转型栏目。

除栏目之间的链接和共用关系之外，导致政府网站栏目体系复杂化的另一个重要因素是栏目导引路径的设计。下面我们以成都市政府网站的一个具体办事事项“引进高层次人才的子女选择入学标准”为例，对其从首页开始的栏目导引路径进行分析。

① 这种共用又分为全部共用和部分共用两种。所谓全部共用，就是 A、B 两个栏目页面设计不同，但共同调用了后台的同一个数据库表，其实质内容完全一致；所谓部分共用，是在后台更新 A 栏目信息时，由编辑选择推荐到 B 栏目，从而实现对 A、B 两个栏目信息采选的集成。

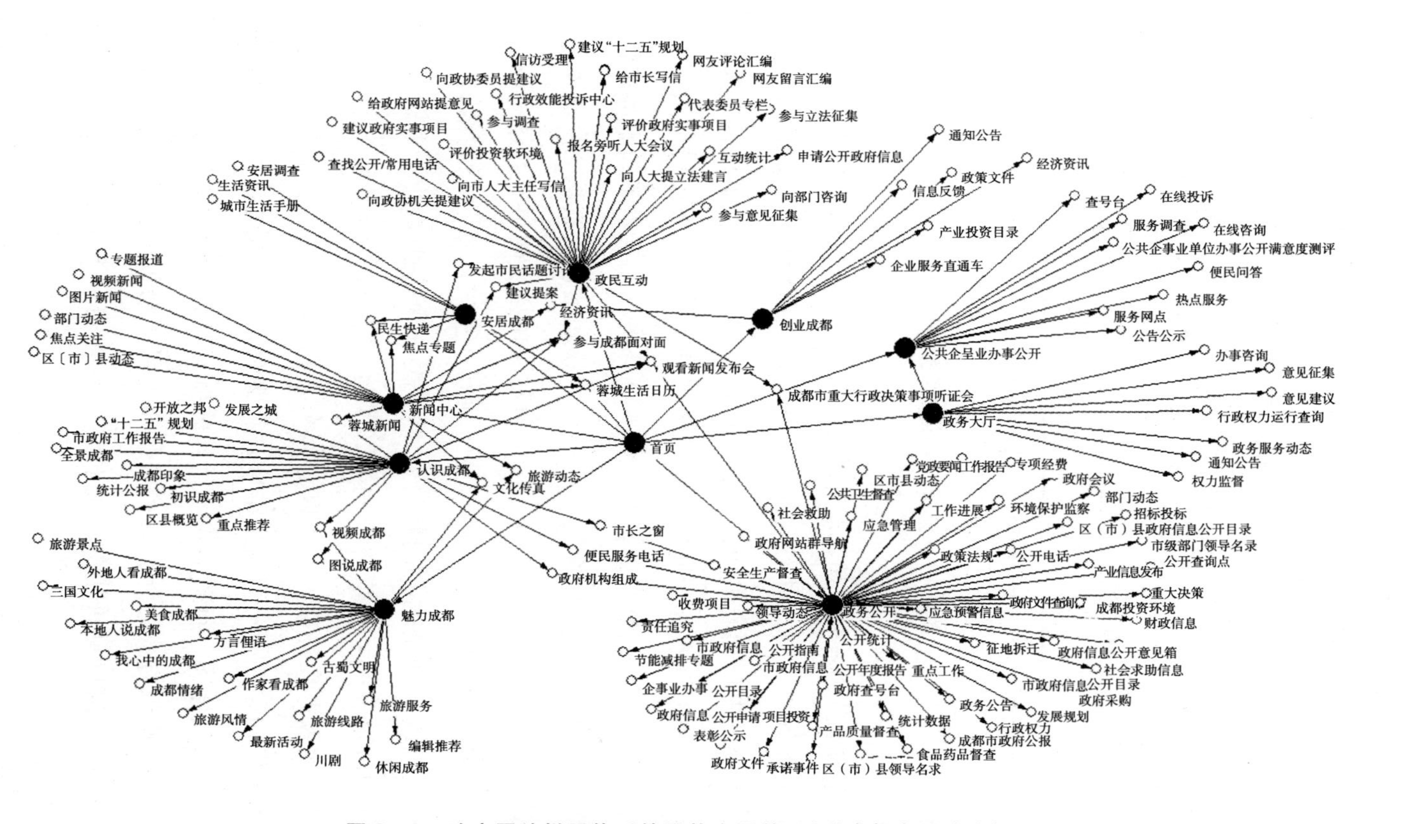

图8-3　政府网站栏目体系的网状交叉关系（以成都市网站为例）

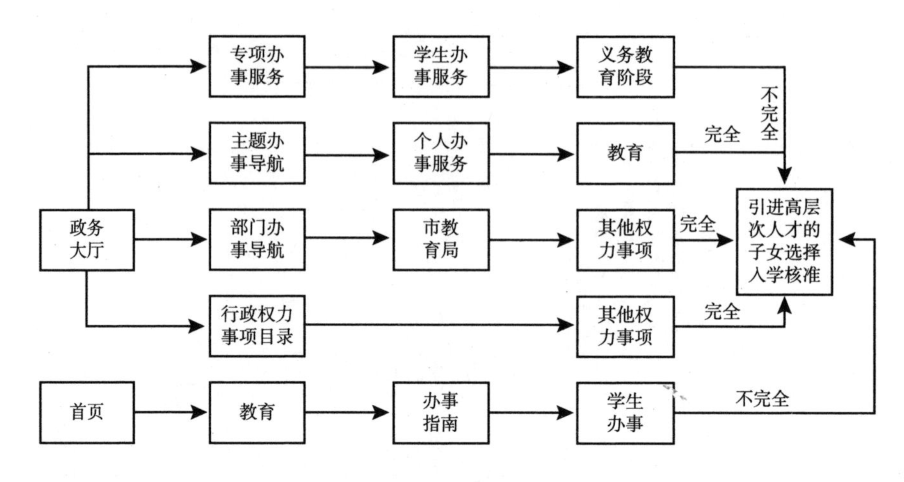

图 8－4　某政府网站的服务路径分析

通过分析图 8－4 可知，基本办事栏目的入口包括首页和政务大厅两个。在政务大厅中，对网上办事信息的梳理组合和导航的方式分为五种：一是提供事项列表供用户浏览和检索；二是按照办事机构分类；三是按照办事类型分类；四是按照服务情景分类；五是按照特定用户类型分类。其中，第二、第三、第四、第五种分类，均是对不同服务事项按照不同的需求进行重新组合的导引栏目。换句话说，就是一个基本办事服务栏目的内容，对应了多种大厅栏目和路由栏目的形式。这种政府网站栏目通过多种路径设置，共同导引到同一基本服务栏目的结构设置，是当前我国政府网站的共同特征。很多政府网站都提供了主题办事导航、部门办事导航、基层（区市县等）办事导航三种基本信息组织方式。其中主题办事导航大多可以分为个人和法人两个大类。部门办事导航又按照机构和权力类型两个维度进行划分。其中权力类型又区分为行政许可、行政处罚、行政征收、行政强制、其他行政权力等类别。除上述基本信息组织方式之外，很多网站还提供了情景式服务、专项办事服务（如很多政府网站推出的“百件实事网上办”栏目）等附加的服务组织方式。

从用户行为的角度看，这种信息组织分类的方式，一方面固然能够满足一小部分有特殊需求且对政府网站栏目设置结构比较了解的用户的信息分类需求，但更多时候，对于绝大多数不了解政府网站或者对政府业务规律不熟悉的用户来说，面对如此复杂的“迷宫”般的政府网站栏目，只会望而生畏，最终结果很可能是用户需要的服务（信息）在网站上找不到，找到的服务（信息）用户又不需要。实际上，网站栏目之间的交叉重叠是由存在大厅栏目和路由栏目这两种“虚拟”栏目造成的。这些“虚拟”栏目，都是对基本栏目（“实体”栏目）的综合集成，是对基本栏目的内容和形式的重新组合。未来应当梳理出一个网站基本栏目的目录，并基于此目录开展政府网站服务的分类。比如按照行业性质（基础类、社会类、经济类、安全类等）、按照办事性质（收费事项、服务事项、执法事项）、按照法律效力（行政许可、行政处罚、行政征收、行政强制）、按照服务对象（个人、企业）、按照服务行为（信息发布、互动交流、在线办事）等。这是未来开展政府网站顶层设计的理论基础。

二　栏目体系的层级优化

政府网站栏目体系总体上是一个分类体系。对于一个分类体系而言，分类的层次划分（纵向分类）和主题划分（横向分类）逻辑是其根本问题。本小节主要论述政府网站栏目体系的层级优化问题，亦即政府网站栏目体系的纵向分类问题。

1. 政府网站栏目的基本层级结构

美国学者霍克曼[①]曾提出电子商务网站栏目的三层次划分模型，即分类页（商品的分类入口，如服装、电器、图书等）、陈列页（即某一分类下商品的列表展示）和内容页（某一个具体商品的信息展示）三

① 霍克曼：《网站设计解构：有效的交互设计框架和模式》，人民邮电出版社，2010。

级。这种三层次划分的背后，实际上对应于用户浏览信息时的三个基本行为环节，即筛除（根据个人喜好选择某一类信息）、选择（选择该类信息中的某一具体条目）和验证（查看该条目的信息以确认自己的选择是否正确）。

从根本上说，政府网站尽管与电子商务网站的服务内容具有本质上的不同，但同样是为网民提供信息服务，因此也应当符合用户浏览信息的基本行为规律。从用户浏览的三个基本环节，可以将政府网站的栏目划分为三个层级。

（1）大厅栏目（或者叫频道栏目）。即政府网站首页上提供的各个一级分类入口，对应于用户行为的第一个环节，即信息的筛除。其主要目的是帮助用户快速定位自己所需的信息服务类别的入口。

（2）导引栏目。该类栏目没有实质性内容，其所罗列的链接，都是跳转到其他网站或其他栏目的导航信息。导引栏目对应于用户行为的第二个基本环节，即信息的选择。导引栏目的实质，是对基本栏目的内容分类和形式组合的一种安排和设计，其主要功能是内容分类、链接跳转和服务组织。

（3）基本栏目。基本栏目是政府网站的基本单元，这些栏目有属于自己的栏目内容，且具有单一的栏目主题。基本栏目对应于用户行为的第三个基本环节，即信息的验证。需要指出的是，基本栏目对应于一项项具体的服务，因此应当对应到某一项具体的政府职能之上。

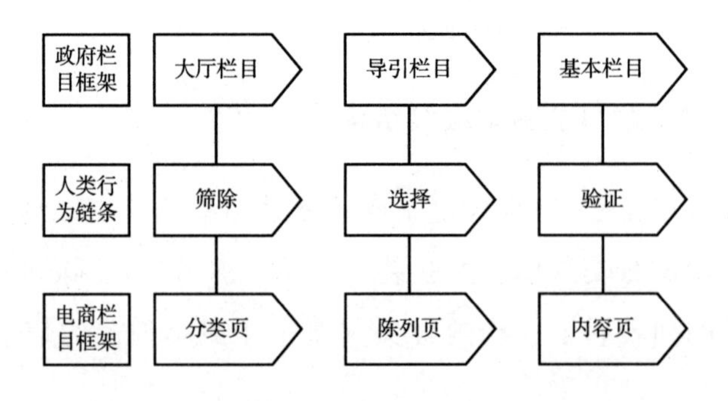

图 8－5　政府网站与电商网站的栏目层级划分

结合上述基本分类体系，我们可以对前文所谈到的“引进高层次人才的子女选择入学标准”服务案例的导引路径做重新解读：用户在进入政府网站后，在首页上看到的两个入口——政务大厅和教育专题实际上是两个大厅频道，分别从网站三大功能和服务主题的角度帮助用户进行第一次信息筛除；这之后的五条访问路径，如专项办事服务、主题办事导航、部门办事导航、行政权力事项目录等都属于导引栏目，其主要目的是帮助用户从不同角度进行信息的选择；最终各种导引路径都指向了一条具体的服务内容，这属于网站的基本栏目。可见，当前政府网站栏目体系的复杂之处，就在于导引栏目设置过于繁杂，甚至有的政府网站因为前后改版重建等，导引栏目相互之间出现脱节，导致用户通过不同导引路径无法找到同一个基本栏目，从而严重影响了用户体验。

2. 导引栏目设置的再思考

如前所述，导引栏目的设置，是基于网站用户通过首页一层一层向下浏览查找信息这一假设开展的。但在搜索引擎大行其道的今天，很多用户在查找政府网站基本服务内容时，往往首选使用搜索引擎，这样搜索引擎会根据用户输入的查询词而将用户绕过首页直接带到某一项具体服务内容。在这种情况下，所有的导引路径都会丧失其效用；相反，由于搜索引擎的算法设置，导引栏目设置得越多、越繁杂，就越可能将基本栏目的层级下降，从而影响这些栏目内容在搜索结果中的排序权重，反而不利于用户查找相关内容。

作为全球政府网站发展的典范，美国联邦政府门户网站近几年的改版方式值得我们认真思考。美国联邦政府门户网站在 2010 年改版之前，也设置了从服务功能、服务主题到服务对象等多角度划分的导引栏目入口[①]（见图 8－6）。

---

① http：//www. ciotimes. com/egov/ztjg/40018. html.

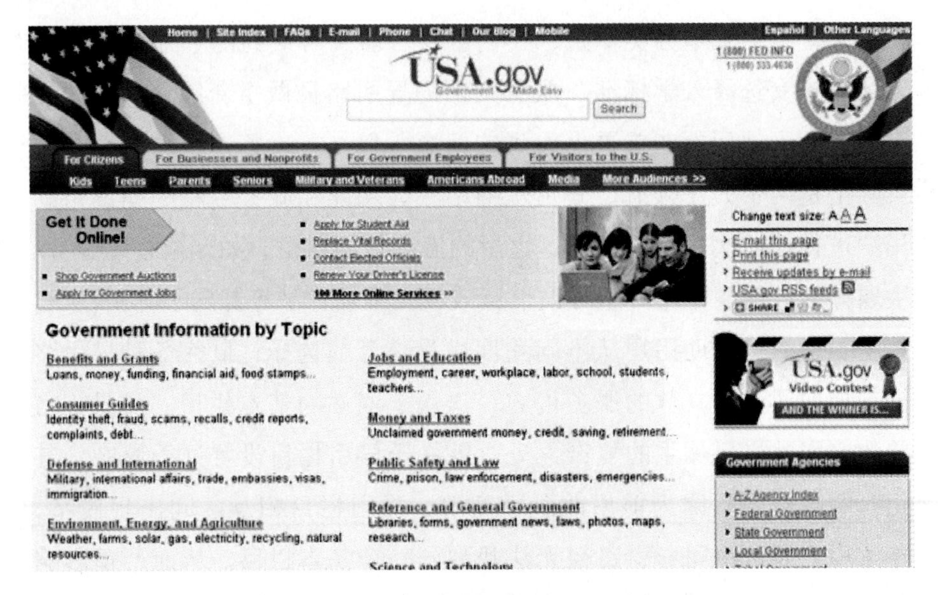

图 8－6　2010 年改版前的美国联邦政府网站

但 2010 年改版后，美国联邦政府网站上原有按照公民、企业、政府雇员和外国人设置的服务对象导引路径都取消了。取而代之的是在首页导航区设置一个统一的“服务”（Services）入口，用户点击进入后，将所有服务名称按照字母“A—Z”依次摆放。如图 8－7 所示。

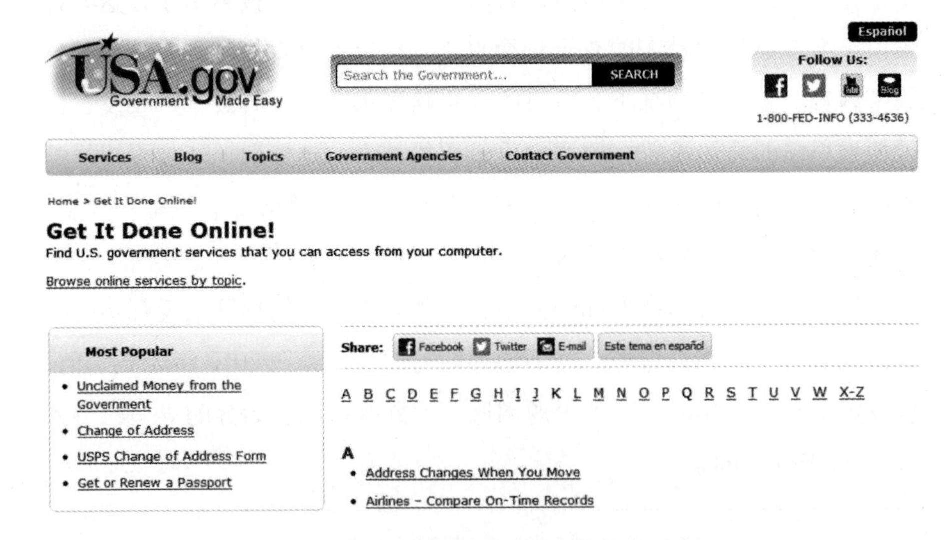

图 8－7　新版美国联邦政府网站的服务列表页

这一看似“大胆”的改变，背后的原因是对用户访问行为的更加深刻与务实的把握：首先，就大部分普通网民而言，他们访问政府网站时，对于自己想在线查找或办理的事项基本是清楚的，但在面对政府网站为其设置的种种导引入口时，反而会感到困惑。举例来说，很多用户的身份是多重的，一个外资企业管理者打算到内部某省开拓市场，他对于政府网站而言，既属于企业，也属于投资者，还属于外国人，那么一些网站提供的多重身份入口就可能反而引起用户的困惑。再比如，很多用户对于政府不同部门的职能范围并不清楚，一个想购买新能源汽车的用户所需要的服务信息既可能来自环保局，也可能来自交通委，在这种情况下，政府办事部门提供的导引路径也会增加用户的信息查找负担。

其次，如前所述，当前，互联网已经进入“搜索为王”的时代，中国互联网络信息中心（CNNIC）2013 年 7 月最新发布的统计表明，我国网民使用各类搜索引擎查找信息的比例高达 79.6%[①]。很多网民在查找信息时，首选使用的信息查找渠道是搜索引擎。在这种情况下，政府网站在基本服务栏目之上增加过多导引路径，反而会妨碍搜索引擎的信息抓取效率，并且影响这些信息在搜索结果中的排名。美国政府通过将所有服务栏目平铺在第二层，将很多原来属于三级、四级甚至五级的栏目内容提高到了第二级，从而提高网站的扁平化程度，大大便利了搜索引擎的抓取，提升了网站服务信息的搜索结果排名。

3. 政府网站栏目的层级优化

网站栏目的层级高低，决定了互联网用户通过首页查找到栏目相关信息的难易程度。王有为[②]认为，合理的网站链接设计方案应当使所有网页的可达性和重要性之间保持强相关性，而网页的可达性与页面所属

① http://www.cnnic.net.cn/hlwfzyj/hlwxzbg/hlwtjbg/201307/P020130717505343100851.pdf.

② 王有为：《基于聚类的智能网页推荐系统研究》，《科技导报》2006 年第 10 期。

栏目的层级直接相关。很多研究者对网站栏目与页面的层级结构调整方法进行了研究。如孙丽佳[①]结合栏目访问比例和栏目当前访问层级深度，对浙江省人民政府网站的栏目层级调整进行了探索。Garifalakis等[②]则提出如下网页结构调整方法：假设网页 i 的绝对访问次数为 AA_i，网页 i 的相对访问次数为 $RA_i = a_i \times AA_i$。其中 a_i 由三个因素决定，一是从主页到 i 的距离 d_i，与 a_i 成正比，二是与 i 处于同一层次的页面数量 n_i（与 a_i 成正比），三是网站中指向 i 的链接数量 r_i（与 a_i 成反比）。如果网页 i 的 RA_i 大于其直接上层网页的 RA 值，则交换网页链接关系。重复此操作，直到每个网页的 RA 值均小于其直接上层网页的 RA 值为止。

以上给出了一个比较理想化的页面层级优化方案。就政府网站而言，可以简单地使用页面用户有效点击率这个指标来分析栏目层级的优化方案。例如，通过对某市人社局网站首页“网上办事大厅”区域点击热点的分析可发现，其网站首页网上办事个人业务区的 15 项业务（这些业务实际上相当于一级栏目）中，“申办职称”、“应聘事业单位”和“社会保险”被点击较多，但其他 12 项点击量均较少。同时，右上方的“更多”按钮有不少用户点击，这说明有很多用户有其他服务需求，但在首页上反而无法找到入口。

对点击“更多”后的二级页面加载热力图，通过进一步分析后发现，其个人业务中“社保综合业务”、“养老保险”、“医疗保险”和“生育保险”等二级服务点击较多，可以将这些服务的入口提前到首页。通过这样一个简单的页面编排调整，不但大大提高了政府网站用户查找相关栏目服务的便捷性，而且可以将该网站首页着陆用户跳转比例提升 5% ~8%，从而有效提升网站服务界面的用户体验。

---

① 孙丽佳：《基于 WEB 日志挖掘的政府网站可用性研究》，哈尔滨工业大学，2010。

② Garifalakis, J. D., Kappos, P. & Mourloukos, D., Web Site Optimization Using Page Popularity, IEEE Internet Computing, 3 (4): 22 -29 (1999).

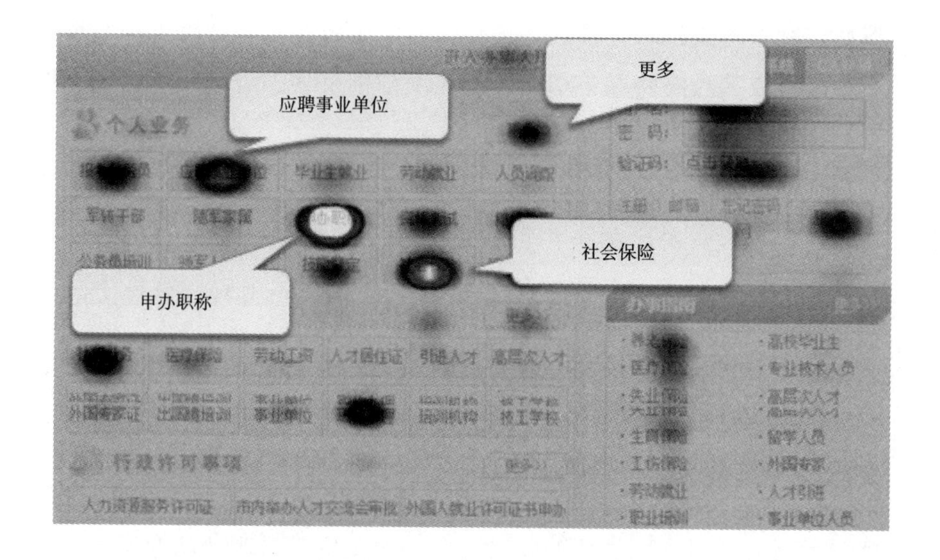

图 8－8　某市人社局网站首页“网上办事大厅”区域点击热点

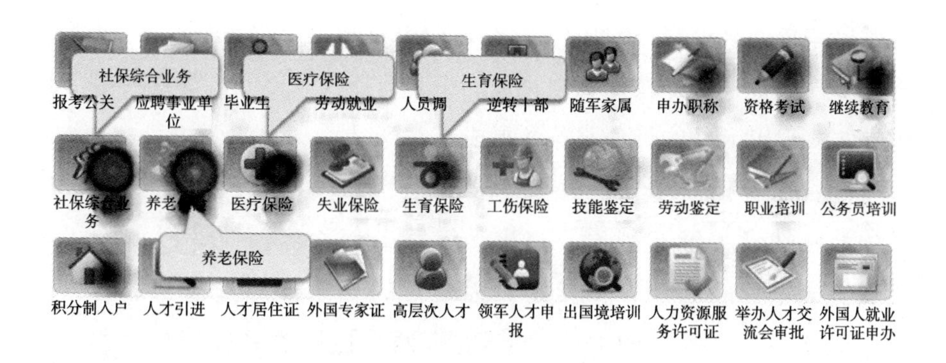

图 8－9　点击更多后相关服务热点点击情况

三　栏目需求相似度分析

基于用户的使用数据，引入日志挖掘、社会网络和行为分析等智能化分析手段，对政府网站用户使用行为进行跟踪与挖掘，可以有效指导政府公共信息服务栏目的设计与优化。可通过分析栏目访问群体需求的相似性，合并同类栏目并增加相关栏目之间的超链接和智能推荐等技术导引机制。成都政府网站曾引入多维尺度分析工具，对网站中的相应栏目进行调整。以下对该案例加以详细介绍。

所谓栏目需求相似度分析，是通过判断两个栏目的用户群体实际需求的重合程度，并对比两个栏目在实际功能定位和内容主题上的差异性，根据不同情况提出解决对策的研究方法。具体来说，有以下两种情况。

(1) 栏目A和栏目B分别从属于不同的大厅栏目，并且其政务属性具有明显分别，两个栏目的用户需求高度相似，这表明两个栏目尽管在政务分类上属于不同范畴，但很可能属于用户办事流程的不同环节，因此对于这类栏目，应当在彼此之间增加深度链接机制，从而方便用户在两个栏目服务之间来回切换。

(2) 栏目A和栏目B分别从属于不同的大厅栏目，其政务属性没有明显差异，两个栏目的用户需求高度相似。在这种情况下，可以考虑将两个栏目合并，并按照突出特色的原则选择合并方向。通过栏目合并的方式，突出网站的特色服务，形成拳头产品。

栏目需求相似度分析的基本步骤是：首先，导出待分析栏目用户的站外搜索关键词列表。其次，编写Java程序，统计栏目两两之间关键词重合的比例，将其定义为栏目的相似性。基本公式是：栏目相似性=两个栏目的共同关键词数/两个栏目的关键词数之和。最后，根据上述结果，形成栏目关键词的相似性矩阵，将相似性矩阵导入SPSS，使用多维尺度分析功能进行可视化分析。多维尺度分析的基本原理，是节点之间以相似性连接（即把相似性定义成节点之间的空间距离）而形成的多维空间，按照一定规则投射到一个二维平面上。

基于上述方法，对成都市政府门户网站8个一级栏目的需求相似度进行分析，并使用多维尺度分析工具绘制分析结果如下。

从图8－10可以得出以下结论。

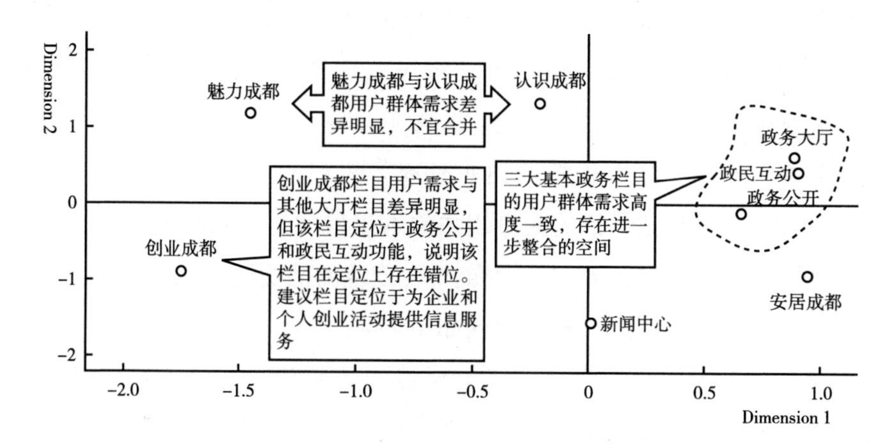

图 8－10　成都网站一级栏目的需求相似度分析

（1）从多维尺度分析图发现，魅力成都和认识成都两个一级栏目距离很远，说明两个栏目的需求相似度较低，用户群体的需求差异比较明显。

（2）目前成都网站上，“政务大厅”、“政务公开”、“政民互动”三个栏目的用户需求高度相似，但三个栏目的内容相互割裂，实际上并不便于用户使用。因为尽管从政务属性的角度看，对政府网站服务进行上述划分有一定合理性，但从用户体验的角度看，用户对上述三类服务很可能同时存在使用需求，或者可能存在使用流程上的前后顺承关系（比如用户可能先查找政务公开信息，了解办事的相关政策；然后来到政务大厅，下载相关表格、填写办理申请、查看办理结果等；最后通过政民互动的相关栏目对办事过程中遇到的困难或意见进行交流）。

（3）创业成都栏目与其他栏目距离均较远，说明该栏目的用户需求与其他各个栏目之间均存在较大差异。但分析目前成都网站上创业成都栏目的实际内容后可以发现，该栏目目前提供的服务内容，如政策文件、通知公告、企业服务直通车、企业服务综合查询、企业办事、咨询投诉等功能，实际上主要是面向企业用户提供政务公开和政民互动服务。但如果用户需求也集中在上述领域的话，那么“创业成都”就应当与“政务大厅”、“政务公开”、“政民互动”三个栏目的用户需求相似度大致相当。但事实并非如此，这说明该栏目的服务定位与用户需求之间存在偏差。进一步分析“创业成都”栏目的用户搜索关键词可以发现，实际上来到该栏目的大量用户的本来目的是寻找在成都创办企业或做生意的商机信息，如“土豆亩产”、“地沟油提炼生物柴油”等。

基于上述分析，提出改进建议如下。

(1) 针对魅力成都和认识成都栏目的调整建议。建议在成都网站改版方案中，充分考虑两类栏目受众的差异性，慎重确定合并方案。目前的“魅力成都”栏目中，部分用户的访问是出于初步了解成都概况的目的，这部分服务内容可以合并入认识成都栏目之中。

针对部分用户了解成都本地的人文历史、地理风俗等文化特色的需求，建议在成都网站首页开设“成都文化大讲堂”专栏。整合成都典故、三国文化、古蜀文明、川剧、方言俚语等栏目服务内容，并以主题讲座的方式，邀请成都本地知名专家学者讲论成都特色，大力弘扬成都文化。

(2) 针对政务大厅、政务公开和政民互动栏目的调整建议。在不破坏目前“政务大厅”、“政务公开”、“政民互动”栏目的政务属性的前提下，可以考虑在上述三个一级栏目下用户需求相似度较高的二级栏目之间设立深度链接机制。

(3) 针对创业成都栏目的调整建议。建议重新规划创业成都栏目的服务定位，将原属于企业政务服务的内容与政务大厅中的相关内容合并，更好地满足这部分用户的服务需求。此外，开设“成都创业指南”专栏，提供成都本地商圈信息、开发区优惠政策、产业规划、青年创业优惠政策等信息服务内容，为有志于在成都创业的用户提供有针对性的特色服务。

此外，进一步对成都市政府门户网站政民互动的二级栏目需求相似度进行分析，结果如图 8－11 所示。

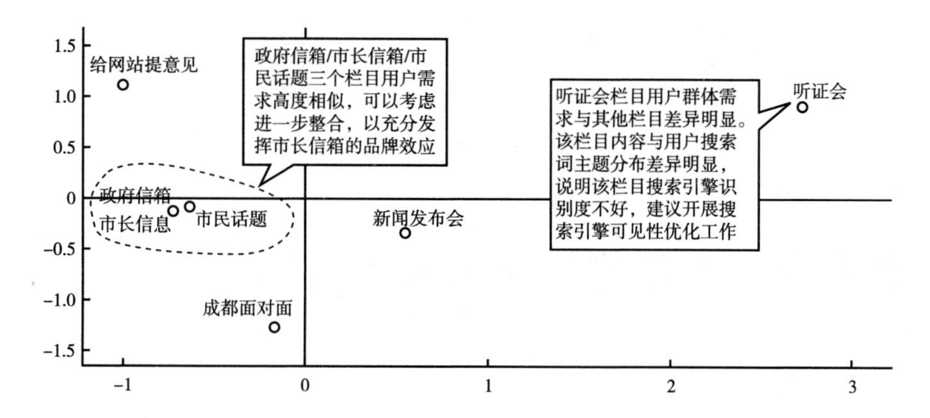

图 8－11 成都网站政民互动栏目的需求相似度分析

从图 8－11 可以看出：

（1）政府信箱、市长信箱、市民话题三个栏目的用户需求高度相似，说明用户对于上述三个栏目的政务属性的差异并不理解，而是倾向于将其视为同一类服务。尤其是市长信箱和政府信箱两个栏目，用户在使用时往往会分不清各自的功能差异，从而产生不必要的困惑。由于市长信箱栏目是成都网站最具特色的品牌栏目，而相比之下，政府信箱和市民话题栏目的使用人数均不多，因此建议将政府信箱和市民话题栏目合并入市长信箱栏目，从而整合资源，充分发挥市长信箱的品牌效应。

（2）听证会栏目用户群体需求与其他栏目差异明显。通过分析该栏目用户的站外搜索关键词发现，成都网站听证会栏目的无效关键词主题十分散乱，如“新津县太平洋电影院”、“汽车城大道”、“四川建院”等。这说明此类用户所希望查找的并非听证内容，而仅仅是因为主题相似而被“误导”到网站上来。为此，可以建议成都网站在听证会栏目中，增加“相关信息”链接，显示在成都网站的政务公开、办事服务、企事业公开等各个栏目中包含本次听证会主题词的页面标题链接列表，从而有效增加用户黏度。

第九章　互联网影响力分析与优化

以上几章，主要探讨了在大数据分析的技术背景下，政府网站自身如何开展针对用户需求与用户行为的深入分析，并开展有针对性的服务优化工作。本章则试图跳出政府网站自身，从互联网大生态环境的视角，进一步思考政府网站服务效能如何充分发挥的问题。这一问题的提出，与近年来互联网信息传播的大环境所发生的日新月异的变化密不可分。进入21世纪以来，搜索引擎、博客、微博、微信等信息传播渠道不断涌现，深刻改变了互联网用户的信息行为规律。中国互联网络信息中心（CNNIC）于2014年7月发布的《第34次中国互联网络发展状况统计报告》显示，我国网民使用搜索引擎、微博、社交网站等的比例分别高达80.3%、43.6%和40.7%。

这些新型互联网信息传播渠道的兴起，对政府网站用户的访问行为产生了深刻影响。在传统模式下，政府网站用户会选择通过页面导航、收藏夹或直接输入网址等方式来到政府网站的首页，并逐层向下寻找信息，因此网站首页是用户获取政府网上公共服务信息最为关键的节点。但在当前的互联网环境中，用户查找政府相关信息的首选渠道可能并不是直接访问政府网站，而是通过搜索或浏览微博信息获取与政府相关的服务内容。以搜索引擎为例，用户在搜索引擎上输入相关政府服务的关键词时，搜索引擎会将用户导引到搜索引擎所收录的相应具体服务页面上去。这样，绝大多数网民会被搜索引擎直接导引到政府网站底层的具体内容页面上去，而不再像以前那样主要通过首页逐层向下寻找信息，从而呈现明显的“去中心化”特征。

由于我国各级政府网站在建设过程中并未充分重视这种变化对于自身的影响，很多政府网站信息资源对于搜索引擎等信息传播渠道的适用性不佳，导致政府权威信息和服务无论是在网络覆盖面还是在传播力度方面均显不足，特别是在应对突发事件和舆论引导方面，还无法充分发挥政府网上信息的正面引导作用，网站在宣传主旋律、传播正能量、构建服务型政府方面还不能充分发挥应有作用。正因如此，2013 年最新发布的《国务院办公厅关于进一步加强政府信息公开回应社会关切提升政府公信力的意见》（国办发〔2013〕100 号）指出，政府网站应当“通过更加符合传播规律的信息发布方式，将政府网站打造成更加及时、准确、公开透明的政府信息发布平台，在网络领域传播主流声音”，并且“统筹运用新闻发言人、政府网站、政务微博微信等发布信息，充分发挥广播电视、报刊、新闻网站、商业网站等媒体的作用，扩大发布信息的受众面，增强影响力”。在当前互联网大生态环境下，政府网站要想让其所承载的海量权威信息与公共服务资源能够发挥应有的影响力，就必须正视搜索引擎、微博、论坛等信息传播渠道的影响，转变过去“以我为主”办网站的“衙门”思维，主动出击，并且借助多种传播手段扩大网站影响力。

一　互联网影响力评价体系

影响力是指一事物对其他客观事物所发生作用的力度[①]。政府网站互联网影响力是指网站为实现更佳的政府形象树立、广泛的政策宣传、有效的舆论引导、便捷的服务供给，面向互联网主流用户群体传递信息和服务，从而满足公众需求、提升公众认知的能力[②]。当前，面对互联

① 李世雷：《电视栏目影响力分析》，中南大学硕士学位论文，2009。

② 于施洋、王璟璇、童楠楠、杨道玲、张勇进、王建冬：《政府网站互联网影响力评价指标体系研究》，《电子政务》2013 年第 10 期。

网的信息传播特性以及微博、论坛、搜索引擎等网络应用的出现，政府网站互联网影响力不增反减。一是政府网站信息对搜索引擎用户不可见、不易见。当前，我国网民中搜索引擎普及率高达 80.3%，超过 90% 的成年网民在互联网上查找信息时会首选使用搜索引擎，搜索已经成为公众获取信息的代名词，而中央部委、省、市级政府网站信息能够在搜索引擎上被公众查找到的比例总体上不足 10%，政府海量权威信息对搜索用户基本上处于不可见状态。二是政府网站信息对社会化媒体的影响力度不够。当前微博、论坛等社会化媒体已经成为舆论和突发事件传播、讨论的主要途径，但政府网站还未有效实现与这些媒介的互动，政府权威信息在这些媒体上的发声还不够响亮。三是政府网站信息在互联网传播中的受众面有待提高。网民互联网接入越来越呈现移动化、智能化的特点，但绝大多数政府网站都还没有针对移动终端用户提供有针对性的在线服务。面对互联网用户的无国界与多语言，网站信息由于语种版本的局限而大大缩小了用户覆盖面和国际影响力。综上所述，政府权威信息和服务不能及时有效地传递给公众、与公众亲密“接触”，使得政府网上信息对公众认知、倾向、意见、态度、行为等方面的影响被无形削弱。政府网站互联网影响力不足成为当前制约网站成效发挥的主要瓶颈。

绩效评价是引导政府网站发展的重要手段。过去十年，我国政府网站绩效评价重点关注信息内容的数量和合规性、网站功能完整性等，为建设政府网站发挥了重要促进作用。但是，当前网民查找、传播信息的规律和习惯已经发生根本性变化，而政府网站多是采取“坐等”的方式，被动等待网民来到网站查看信息、获取服务。现行的评价体系很难引导网站充分利用其他媒体和渠道扩大互联网影响力，这类评价在引导网站健全功能、做好服务的同时，也极容易使网站成为互联网中一个个孤立的个体。因此，通过开展政府网站互联网影响力评价、设置科学可行的评价标准、完善原有评价体系，引导政府网站主动出击，借助多种传播手段和媒介，将信息更及时地传递给公众，将服务更便捷地推送给公众，是当前有效提升网站互联网影响力、真正展现政府网站建设成效的重要推手。

1. 现有的政府网站互联网影响力研究

目前，已有国内外学者开展了网站互联网影响力的相关研究工作，但现有的研究多停留在对网站流量指标、链接指标等网站技术性指标的考核上，鲜有从传播学视角综合考察网站信息的多渠道覆盖能力和传播力度。从现有研究来看，对网站互联网影响力的评价主要侧重于从三个角度进行考核：一是网站信息被链接情况，二是网站流量，三是网站信息搜索引擎可见度。考察网站信息被链接情况，主要采取链接分析法，这种方法是受传统期刊影响因子的启发，简单说来就是通过考察网站信息被链接情况来评价网站影响力。例如，许剑颖①运用链接分析法，从网页总数、总链接数、外链接数、内链接数、网络影响因子、外部网络影响因子、内部网络影响因子、PR 值（搜索引擎对网站赋予的权重）等 8 个分析指标，对江苏省全部 13 个地市级政府网站的互联网影响力进行了分析。黄微等人②在对我国省级知识产权局网站的互联网影响力分析、许慧珍③对目的地官方旅游网站互联网影响力的研究中都采用了链接分析法。这种基于链接分析的网站影响力评价，旨在通过分析网站信息被外部网站链接数量，以及网站内部信息的相互链接数量，来考察网站信息资源的影响力。因为，在互联网上网站信息被链接、被引用得越多，表明网站越重要，内容的传播力度和影响力才可能越大。考察网站流量，主要是从网站访问人数、人均访问页面数等角度考核，这种角度的评价主要认为网站被越多的用户访问，所具有的影响力就越大。段

---

① 许剑颖：《基于链接分析法的江苏省市级政府网站网络影响力分析》，《现代情报》2012 年第 10 期。

② 黄微、李吉、王文韬：《基于链接分析法的我国省级知识产权局网站的网络影响力分析》，《情报科学》2012 年第 2 期。

③ 许慧珍：《目的地官方旅游网站影响力研究——从链接分析的角度》，《现代情报》2012 年第 10 期。

宇峰、刘伟在对电子政务信息资源互联网影响力评价中就应用了网站流量指标[①]。考察网站信息搜索引擎可见度，主要是考察网站中网页出现在搜索引擎搜索结果中的数量。随着搜索引擎的普及应用，通过搜索引擎扩大网站影响力开始受到学者关注。例如，范闯[②]、曾荷[③]等人在对网站信息互联网影响力评价中，除采用链接指标和流量指标外，均开始将网站可见度指标纳入评价体系。

现有的评价体系多停留在对网站流量指标、链接指标等网站技术性指标的考核上，很难有效指导各级政府网站管理者明确网站在互联网中的定位，特别是在搜索引擎、微博、论坛等新兴媒介应用不断普及，移动互联网飞速发展的大背景下，无法引导政府网站充分利用这些社会化平台更好地发挥网站影响力。事实上，美国在评价各政府机构在数字化环境下的服务绩效时，已经将手机服务的便捷性、搜索引擎的可见度以及利用社会媒体传递服务的能力作为重要考核标准。当前，基于现有研究，结合互联网信息传播特征以及政府网站的定位，构建一套科学合理且完整可行的政府网站互联网影响力评价指标体系势在必行。

2. 政府网站互联网影响力评价的基本框架

传播学认为，一种媒介的影响力是通过信息传播过程实现的，基本目的就是让受众得到信息，并使受众理解和接受信息传播者的传播意图，因此影响力的发生建立在受众“得到信息”和“理解信息”的基础上。政府网站是承载、传递政府信息和服务的媒介，因此其在互联网上影响力得以实现的关键在于能否让广大网民“得到信息”和“理解信息”。

---

① 段宇峰、刘伟：《电子政务信息资源网络影响力评价指标体系研究》，《情报资料工作》2006年第1期。

② 范闯：《基于网络计量学的科技信息服务网站影响力评估研究》，南京理工大学硕士学位论文，2009。

③ 曾荷：《电子政务信息资源的网络影响力评价研究》，华东师范大学硕士学位论文，2007。

从“得到信息”来讲，政府网站的信息应该全面覆盖用户获取信息所依托的渠道、媒介，即实现“传播渠道全覆盖”；从“理解信息”来讲，政府网站应该有力地确保网站信息传递的便捷性、信息内容的完整性和易理解性，在用户获取信息、接触信息后能够读懂信息进而接受信息，即实现“传播过程无障碍”。因此，从政府网站互联网影响力产生机制来看，政府网站若能通过搜索引擎、微博、百科类网站、重要新闻网站、导航网站等多种传播渠道传递信息，扩大信息的覆盖面，并确保在信息传递过程中，公众能够通过电脑终端和各种移动终端无障碍访问，在信息被理解时又能不因语言障碍或内容不易读而限制信息所服务的人群范围，那么网站的影响力自然就会有效提升。

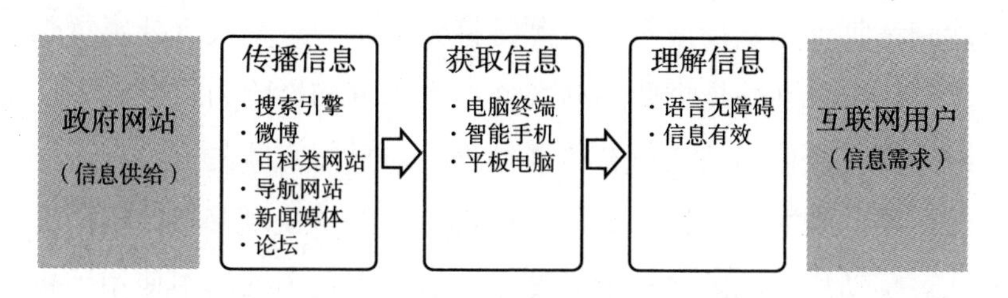

图 9－1　政府网站互联网影响力产生示意

基于上述分析，政府网站互联网影响力评价体系的基本框架至少应涵盖如下五个方面。

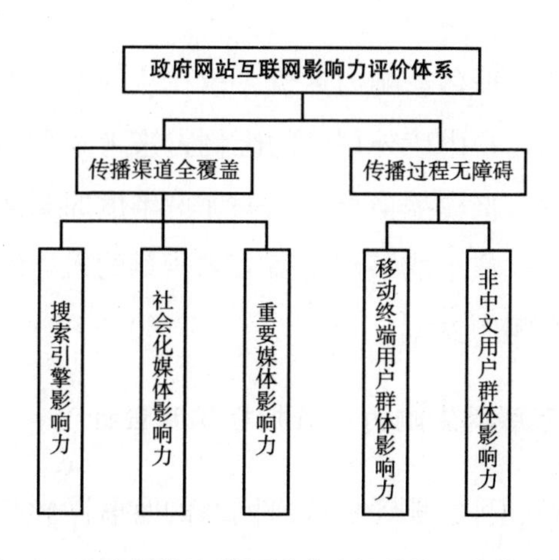

图 9－2　政府网站互联网影响力评价体系的基本框架

一是搜索引擎影响力评价，即指政府网站信息在搜索引擎搜索结果中的表现。搜索引擎已经成为网民查找信息的主要途径，在政府网站信息传播渠道中具有较大的用户群体和覆盖面，通过这一维度的评价可以较好地反映政府网站信息在第一时间传递给网民的可能性。

二是社会化媒体影响力评价，指政府网站信息被主流微博、百科类网站等社会化媒体收录情况。除搜索引擎外，社会化媒体是网民使用较多的互联网应用，是舆论和突发事件传播、讨论的主要场地。通过这一评价维度的设置能有效引导政府网站重视社会化媒体的传播能力，提升网站信息对社会化媒体用户的覆盖度。

三是重要媒体影响力评价，是指政府网站信息被主要导航网站、重要新闻网站收录和链接情况。按照链接分析法，网站被重要媒体收录和链接越多，表明网站越重要，内容的传播力度和影响力就会越大。这一评价维度旨在强化网站在信息传播过程中对重要媒体的有效利用。

四是移动终端用户群体影响力评价，主要从技术兼容性层面考察政府网站对移动终端网民的辐射力度。当前，在我国网民中使用手机上网的人群比例已经高达 78.5%，手机及其他移动终端网民的信息需求满足度已不容忽视，设置这一评价维度，能够引导网站及时考虑新技术应用对网站服务便捷性的挑战，及时为移动终端用户提供方便、快捷、无障碍服务。

五是非中文用户群体影响力评价，旨在从网站有无开设多种语言版本以及来到网站的用户中境外用户的比例，来考察网站信息在传播过程中对非中文用户的人群覆盖情况。这一评价维度的意义在于，确保在广泛的渠道覆盖面下，信息能够被更多文化背景的人理解，进一步扩大网站的覆盖范围和影响力度。

3. 政府网站互联网影响力评价指标体系设计

为真实、客观、科学地评价政府网站的互联网影响力，选取如下核心指标。

（1）搜索引擎影响力。在搜索引擎影响力评价维度中，拟考察网站信息在搜索引擎中的收录情况和搜索表现情况，设置搜索引擎的平均收录情况、搜索引擎收录数增长情况和网站名称品牌影响力、网站核心业务词影响力这四项指标，分别从“量”与“质”上展现政府网站对搜索引擎的影响力。

——搜索引擎平均收录情况。该指标指网站被主流搜索引擎收录的页面数，总体反映网站信息在搜索引擎上的可见性。一般来说，网站对搜索引擎的可见性越高，能产生的网络影响力就越大。在采集指标数据时，可选择百度、360、搜狗、雅虎、必应等主流搜索引擎，统计一定时期内被评估网站在这些搜索引擎上的页面收录数，计算收录平均值。

——搜索引擎收录数增长情况。该指标指网站被搜索引擎收录的页面数较前一段时间的增长情况，可综合反映近期网站增长内容的搜索引擎可见性。这一指标的优劣取决于网站内容增长速度、网站的搜索引擎可见性水平和搜索引擎算法调整优化三方面因素，对网站互联网影响力的提升有一定的导向作用。

——政府网站名称品牌词影响力。该指标考察网民搜索网站名称品牌词时，被评价网站信息出现在搜索结果首页的比例，反映网站名称的品牌词影响力。对该指标数据的采集，需人工梳理被评价网站的名称词库，如某某省政府网站、某某政府门户等，在统计搜索网站名称词时，政府网站信息出现在搜索结果首页的比例越高，指标的表现越好。

——政府网站核心业务词影响力。该指标考察网民搜索网站核心业务关键词时，被评价网站信息出现在搜索结果首页的比例，反映网站核心业务关键词的影响力。如对于农业部门的政府网站，考察网民在搜索“种子价格”、“农产品补贴”等政府业务关键词时，相应政府网站出现在搜索结果首页的比例越高，表明网站对网民需求的响应度越高，互联网影响力越大。

（2）社会化媒体影响力。对社会化媒体影响力的评价，可从网站社交媒体开通情况、网站内容微博转载情况、网站内容百科类网站转载情况等方面入手考察。

——网站社交媒体开通情况。该指标考察网站是否开通诸如 RSS 订阅、分享到微博、短信订阅等技术功能，反映网站对社会化媒体技术的使用度。数据采集方法主要是人工访问网站，查看相关功能的开通情况。

——网站内容微博转载情况。该指标考察网站信息被主要微博转载的情况，反映网站信息在微博用户群体中的影响力。在数据采集上，可抓取一定时期内的微博数据，技术匹配微博数据与被评价网站信息的内容一致性。

——网站内容百科类网站转载情况。该指标考察网站信息被主要百科类网站用户转载并提供链接的次数，反映网站信息在百科类用户群体中的影响力。在数据采集上，可利用技术挖掘方法，抓取被评价网站的信息在相关百科类网站的转载情况，保证数据的客观准确性。

（3）重要媒体影响力。对重要媒体影响力的评价，可从政府网站被重要导航网站收录情况、政府网站页面被链接次数等方面入手进行考察。

——重要导航网站收录情况。该指标考察网站被常见导航类网站收录的情况，反映网站对导航的友好度。在数据采集上，技术抓取被评价网站在主流导航网站中的收录数即可。

——政府网站页面被链接次数。该指标考察网站信息被互联网其他网站链接的比例，反映网站及其信息被认可程度。在数据采集方面，一般搜索引擎都会提供其官方统计的网站外部链接数。

（4）移动终端用户群体影响力。对移动终端用户群体影响力的评价，可从网站对移动终端的技术兼容性、移动门户开通情况、移动 APP 应用开通情况入手进行考察。

——移动终端兼容性。该指标考核网站页面能否在常见移动终端上正常显示。在移动终端设备上，网站页面无法正常打开、页面布局错位、图片动画无法正常显示、部门模块无法打开等均属于技术不兼容情况。

——移动 WAP 门户应用开通情况。该指标考核网站是否开通了移动 WAP 门户应用功能，随着移动用户的增多，移动 WAP 门户的开通也逐渐成为趋势。

——移动 APP 开通情况。考察网站是否开通移动 APP 应用，这是针对移动用户提供的又一种便捷的服务方式。

（5）非中文用户群体影响力。对非中文用户群体影响力的评估，可以从多语言版本网站开通情况进行考察。网站开设了多语言版本，能够尽可能确保网站信息在传播过程中对非中文用户有一定的覆盖力度，满足不同语言用户的需求，扩大影响力。需要说明的是，由于并非所有网站都开通了外文版网站，加之对网站流量的客观考察需要依据一定的统计工具，因此，对来到网站的用户中境外用户比例的考察虽能够反映对非中文用户的实际影响效果，但因缺乏普适性，未将其纳入核心指标中。

综上所述，政府网站互联网影响力的评价指标体系如图 9 - 3 所示。

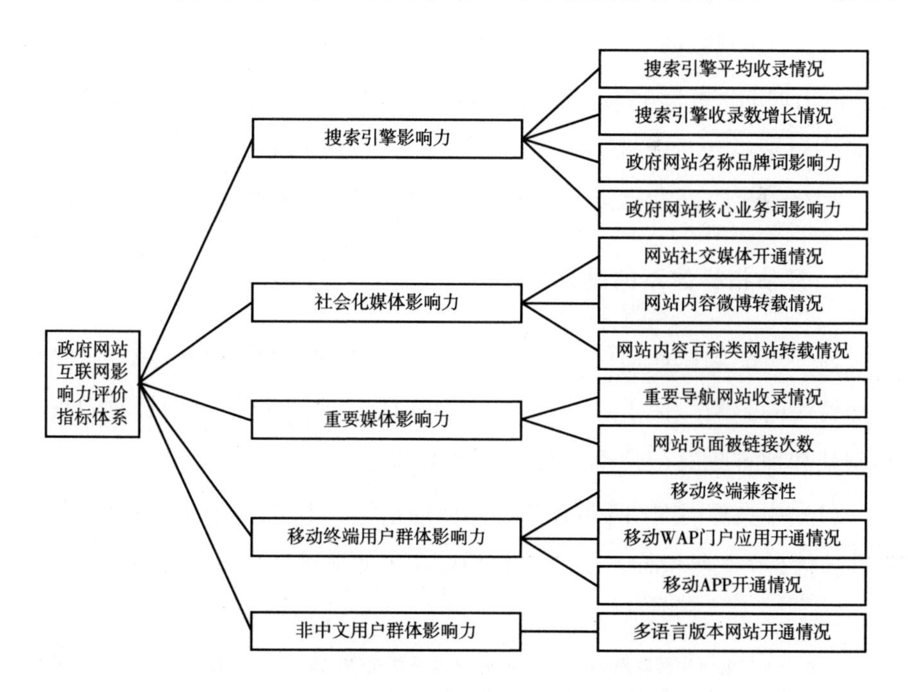

图 9 - 3　政府网站互联网影响力评价指标体系

在评价指标体系具体应用过程中，可根据被评价网站的实际发展情况以及想要达到的目的，设置相应指标的权重与具体评分方法，进而综合反映被评价网站的互联网影响力。

二　我国政府网站互联网影响力现状

为有效引导政府网站“走出去”、全面融入互联网大生态，促进政府信息公开工作的全面升级，中国信息协会电子政务专业委员会与国家信息中心网络政府研究中心于2013年3月成立评估工作组，启动了全国政府网站互联网影响力评估工作。此次评估共选择了全国556家政府网站作为评估对象，其中包括70家中央部门网站、34家省级政府门户网站、15家副省级政府门户网站和437家地市级政府门户网站。从“互联网影响力”维度，通过采集分析这些政府网站在回应网民关注热点话题和宣传解读政府重要工作内容的客观数据来评估政府网站在群众“看得到”、“听得懂”、“信得过”等方面的实际影响力，最终形成了《融入互联网，打造政府网站升级版本：中国政府网站互联网影响力评估报告（2013）》[①]。本小节基于该报告，对全国政府网站信息互联网影响力现状进行介绍。

1. 评估指标体系的设计[②]

为尽可能确保评估结果不受政府部门具体业务工作和区域经济文化地理特性的影响，便于进行横向、纵向对比，此次评估分别针对中央部门网站和地方政府门户网站建立了指标体系。

（1）中央部门网站互联网影响力评估指标。中央部门网站评估指标体系共包括5个一级指标、11个二级指标。为便于将来与地方政府网站进行

① 杜平等主编《中国政府网站互联网影响力评估报告（2013）》，社会科学文献出版社，2013。

② 《中国政府网站互联网影响力评估报告（2013）》评估工作组：《中国政府网站互联网影响力评估报告（2013）》，《电子政务》2013年第11期。

具体指标对比，中央部门网站评估指标体系中的11个二级指标与地方政府网站相应指标考核要点相同，且保持相同权重。11个二级指标权重加和为90分，最终结果折合为满分值进行排名。具体指标及考核要点见表9-1。

表9-1 中央部门网站评估指标及考核要点

一级指标	二级指标	考核要点
搜索引擎影响力（25分）	搜索引擎平均收录情况	网站被主流搜索引擎收录页面数，总体反映网站信息在搜索引擎上的可见性水平
	搜索引擎收录数增长情况	近半年中网站被搜索引擎收录页面数的增长情况，综合反映近期网站增长内容的搜索引擎可见性水平。该指标的优劣取决于网站内容增长速度、网站的搜索引擎可见性水平和搜索引擎算法调整优化三方面因素
	政府网站名称品牌词影响力	网民搜索网站核心品牌词时，网站信息出现在搜索结果首页的比例，反映网站名称的品牌词影响力
社会化媒体影响力（25分）	网站社交媒体开通情况	网站是否开通诸如RSS订阅、分享到微博等技术功能，反映网站对社会化媒体技术的使用度
	网站内容微博转载情况	网站信息被主要微博转载的情况，反映网站信息在微博用户群体中的影响力
	网站内容百科类网站转载情况	网站信息被主要百科类网站用户转载并提供链接的次数，反映网站信息在百科类用户群体中的影响力
重要网络媒体影响力（15分）	重要导航网站收录情况	分析网站被常见导航类网站收录的情况
	网站页面被链接次数	分析网站信息被互联网其他网站链接的比例，反映网站在互联网网站中的总体影响力
移动终端用户群体影响力（15分）	移动终端兼容性	网站页面在常见移动终端上显示时的技术兼容性
	移动WAP门户应用开通情况	分析网站是否开通WAP门户功能
少数民族和国际用户群体影响力（10分）	多语言版本网站开通情况	分析网站是否开通有多种语言版本，包括繁体版、少数民族语言版本等

（2）地方政府网站互联网影响力评估指标。地方政府网站评估指标适用于省级、副省级、地市级政府门户网站，共包括5个一级指标、12个二级指标。其中，与中央部门网站评估指标不同的是，增加了“政府网站核心业务关键词影响力”指标，尽可能抽取出横向一级政府门户网站所共有

的核心业务关键词，以消除地域经济文化地理特性对网站排名的影响。12个二级指标权重加和为100分。具体指标及考核要点见表9－2。

表9－2　地方网站评估指标及考核要点

一级指标	二级指标	考核要点
搜索引擎影响力(35分)	搜索引擎加权平均收录情况	网站被主流搜索引擎收录页面数，总体反映网站信息在搜索引擎上的可见性水平
	搜索引擎收录数增长情况	近半年中网站被搜索引擎收录页面数的增长情况，综合反映近期网站增长内容的搜索引擎可见性水平。该指标的优劣取决于网站内容增长速度、网站的搜索引擎可见性水平和搜索引擎算法调整优化三方面因素
	政府网站名称品牌词影响力	网民搜索网站核心品牌词时，网站信息出现在搜索结果首页的比例，反映网站名称的品牌词影响力
	政府网站核心业务关键词影响力	网民搜索网站核心业务关键词时，网站信息出现在搜索结果首页的比例，反映网站核心业务关键词的影响力
社会化媒体影响力(25分)	网站社交媒体开通情况	网站是否开通诸如RSS订阅、分享到微博等技术功能，反映网站对社会化媒体技术的使用度
	网站内容微博转载情况	网站信息被主要微博转载的情况，反映网站信息在微博用户群体中的影响力
	网站内容百科类网站转载情况	网站信息被主要百科类网站用户转载并提供链接的次数，反映网站信息在百科类用户群体中的影响力
重要网络媒体影响力(15分)	重要导航网站收录情况	分析网站被常见导航类网站收录的情况
	网站页面被链接次数	分析网站信息被互联网其他网站链接的比例，反映网站在互联网网站中的总体影响力
移动终端用户群体影响力(15分)	移动终端兼容性	网站页面在常见移动终端上显示时的技术兼容性
	移动WAP门户应用开通情况	分析网站是否开通WAP门户功能
非中文用户群体影响力(10分)	多语言版本网站开通情况	分析网站是否开通有多种语言版本，包括繁体版、少数民族语言版本等

（3）政府网站互联网影响力水平划分。结合评估结果，评估工作组将我国政府网站互联网影响力划分为8个等级，分别是：极弱（0～20分）、很弱（20～40分）、较弱（40～50分）、中等偏弱（50～60分）、中等偏强（60～70分）、有效转强（70～80分）、强度升级（80～90分）、强有力（90～100分），如图9－4所示。

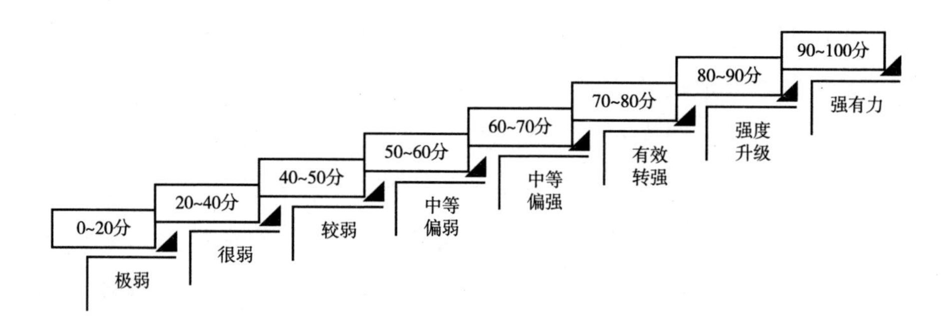

图9-4 评估结果划分

极弱：得分在0~20分之间，处于这一阶段的政府网站互联网影响力极弱，政府网站信息在互联网上基本处于“不可见”状态，网站信息得不到有效传播，网民查找政府网站十分困难。而且，网站社交媒体功能开通较少甚至没有，对移动终端的兼容性极差。此外，网站信息难以覆盖少数民族用户及国际用户。

很弱：得分在20~40分之间，处于该阶段的政府网站互联网影响力很弱，政府网站信息仅有一小部分在互联网上“可见”，且网民很难在搜索结果第一页查找到政府网站信息。同时，网站对社会化媒体、重要网络媒体等的影响覆盖度很低。网站自身在社交媒体开通方面、移动终端兼容性方面、多语言版本建设等方面还很薄弱，需要极力加强。

较弱：得分在40~50分之间，处于该阶段的政府网站互联网影响力较弱，部分政府网站信息在互联网上“可见”，但网站被搜索引擎收录的页面数增长缓慢，且网站在被网民搜索时，较少出现在搜索结果第一页。同时，网站对社会化媒体、重要网络媒体等传播渠道的影响覆盖度较低，网站自身在社交媒体开通方面、移动终端兼容性方面、多语言版本建设等方面还较显薄弱，需要大力加强。

中等偏弱：得分在50~60分之间，处于该阶段的政府网站互联网影响力虽处于中等水平，但还略显薄弱。网站被搜索引擎收录的页面虽有一定数量，但搜索引擎收录数增长较慢，仍有部分网站信息在互联网上“不可见”。同时，网站对社会化媒体、重要网络媒体等传播渠道的影响覆盖度一般，网站自身在社交媒体开通方面、移动终端兼容性方面、多语言版本建设等方面的表现一般。

中等偏强：得分在 60～70 分之间，处于该阶段的政府网站互联网影响力中等偏强，具备一定的影响力上升能力。多数政府网站信息能在互联网上“可见”，网站在被网民搜索时，略多出现在搜索结果第一页。同时，网站对社会化媒体、重要网络媒体等传播渠道的影响覆盖度较高，网站自身在社交媒体开通方面、移动终端兼容性方面、多语言版本建设等方面的表现略好。

有效转强：得分在 70～80 分之间，处于该阶段的政府网站互联网影响力正在有效转强，具有较大的影响力上升能力。绝大部分政府网站信息均能在互联网上“可见”，网站在被网民搜索时，较多出现在搜索结果第一页。同时，网站对社会化媒体、重要网络媒体等传播渠道的影响覆盖度较高，网站自身在社交媒体开通方面、移动终端兼容性方面、多语言版本建设等方面的表现较好。

强度升级：得分在 80～90 分之间，处于该阶段的政府网站互联网影响力较强，并具备较强的强度升级能力，在互联网上具备一定的“话语权”，政府网站信息能在搜索引擎、社会化媒体、重要网络媒体等传播渠道间得到较好传播，对移动终端用户、少数民族及国际用户等群体的覆盖较好。

强有力：得分在 90～100 分之间，处于该阶段的政府网站互联网影响力很强，在互联网上具备较大的“话语权”。政府网站信息能在搜索引擎、社会化媒体、重要网络媒体等传播渠道间得到有效传播，对移动终端用户、少数民族及国际用户等群体的覆盖度很高。

2. 评估结果及分析

通过综合采样、多重核实验证以及汇总分析，我们对中央部门网站和各级地方政府门户网站的影响力进行了综合测评，得出 2013 年中国政府网站互联网影响力评估结果。

（1）中国政府网站互联网影响力总指数。通过对556家政府网站互联网影响力评估结果的加权计算，得出中国政府网站互联网影响力总指数为50.90分（满分为100分），处于“中等偏弱阶段”，说明我国政府网站的互联网影响力提升空间巨大。各指标的具体得分如表9－3所示。从表9－3可以看出，全国政府网站在核心业务关键词影响力、社交媒体开通情况、移动WAP门户应用开通情况和多语言版本网站开通情况等指标上的得分率较低，表现还不理想。

表9－3　中国政府网站互联网影响总指数及分项得分

指　标	得分(分)	满分(分)	得分率(%)
搜索引擎加权平均收录数	5.19	10	51.9
搜索引擎收录数增长率	5.11	10	51.1
网站名称品牌词影响力	4.50	5	90.0
核心业务关键词影响力	2.48	10	24.8
页面被链接数	2.62	5	52.4
社交媒体开通情况	1.32	5	26.4
微博转载情况	3.84	10	38.4
百科类网站转载情况	5.11	10	51.1
导航网站收录情况	7.33	10	73.3
移动终端兼容性	9.08	10	90.8
移动WAP门户应用开通情况	1.83	5	36.6
多语言版本网站开通情况	1.95	10	19.5
总　分	50.90	100	50.9

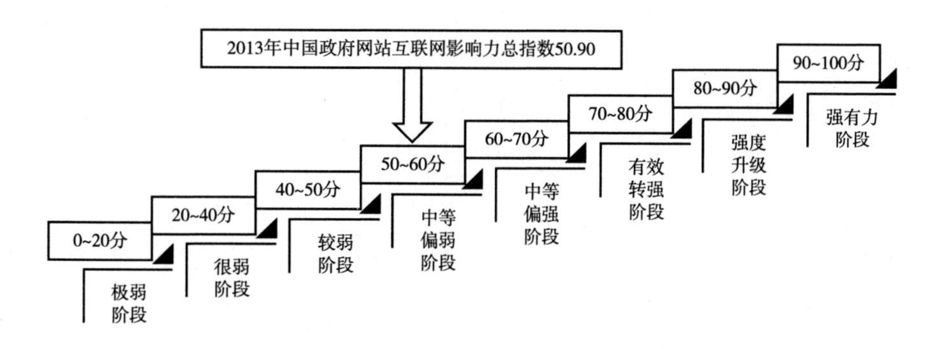

图9－5　中国政府网站互联网影响力总指数发展阶段

将政府网站互联网影响力总指数再按照网站类型进行细分，得出各类政府网站互联网影响力指数，如表9－4所示。由表可见，副省级政府网站互联网影响力指数最高，为56.35分，这类网站在搜索引擎收录数、搜索引擎收录数的增长率、社交媒体功能、移动终端兼容性、WAP门户应用开通情况、多语言版本开通情况等指标上的得分最高。省级政府网站互联网影响力指数为53.64分，在名称品牌词的表现、导航网站收录情况这些指标上的得分最高。中央部门网站互联网影响力指数为48.25分，在页面被链接数、网站信息的微博转载情况上表现最好。地市级政府网站互联网影响力指数最低，仅为45.36分。总体来看，副省级和省级政府网站平均处于“中等偏弱阶段”，中央部门和地市级政府网站平均处于“较弱阶段”。

表9－4　各类政府网站互联网影响力总指数和分项得分

网站类别	中央部门网站	省级	副省级	地市级
搜索引擎收录数	5.28	5.15	5.33	5.01
搜索引擎收录数增长率	5.01	5.15	5.33	4.94
网站名称品牌词影响力	4.57	4.72	4.21	4.48
核心业务关键词影响力	/	2.23	1.63	3.57
页面被链接数	2.73	2.57	2.67	2.51
社交媒体开通情况	0.60	1.47	2.17	1.04
微博转载情况	4.79	4.72	4.69	1.17
百科类网站转载情况	5.31	5.09	5.20	4.85
导航网站收录情况	4.69	9.31	8.89	6.41
移动终端兼容性	9.21	9.07	9.40	8.64
移动WAP门户应用开通情况	0.35	2.06	3.33	1.56
多语言版本网站开通情况	0.86	2.09	3.63	1.21
总　分	48.25	53.64	56.35	45.36

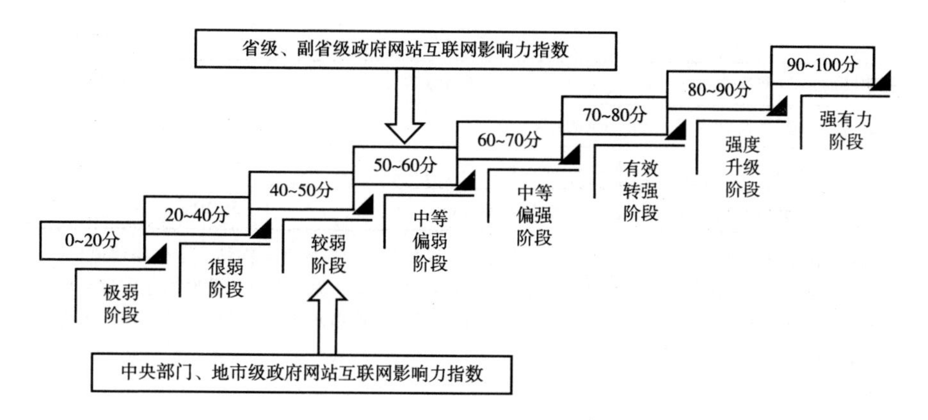

图 9－6　各类政府网站互联网影响力指数阶段分布

（2）中央部门网站互联网影响力指数。在 70 家中央部门政府网站中，网站互联网影响力综合排名前十位的部门依次是外交部、商务部、财政部、工业和信息化部、农业部、质检总局、统计局、交通运输部、海关总署、公安部。具体如表 9－5 所示。

表 9－5　中央部门政府网站互联网影响力指数排名

排名	部委名称	网站域名	得分	所处阶段
1	外交部	www. fmprc. gov. cn	75. 52	有效转强阶段
2	商务部	www. mofcom. gov. cn	70. 77	
3	财政部	www. mof. gov. cn	68. 26	中等偏强阶段
4	工业和信息化部	www. miit. gov. cn	67. 61	
5	农业部	www. moa. gov. cn	67. 24	
6	国家质检总局	www. aqsiq. gov. cn	66. 59	
7	统计局	www. stats. gov. cn	64. 82	
8	交通运输部	www. moc. gov. cn	64. 72	
9	海关总署	www. customs. gov. cn	64. 35	
10	公安部	www. mps. gov. cn	64. 09	
11	国土资源部	www. mlr. gov. cn	63. 40	
12	知识产权局	www. sipo. gov. cn	62. 88	
13	气象局	www. cma. gov. cn	61. 57	
14	司法部	www. moj. gov. cn	61. 56	
15	新闻出版总署(版权局)	www. gapp. gov. cn	61. 15	
16	国防部	www. mod. gov. cn	60. 81	
17	人民银行	www. pbc. gov. cn	60. 46	

续表

排名	部委名称	网站域名	得分	所处阶段
18	食品药品监管局	www. sda. gov. cn	59. 34	中等偏弱阶段
19	教育部	www. moe. gov. cn	59. 28	
20	人力资源和社会保障部	www. mohrss. gov. cn	58. 91	

注：截至2013年9月，新闻出版广电总局成立后并未建设新的官方网站，也未指明原新闻出版总署、原广电总局的网站谁为官方网站，因原新闻出版总署、原广电总局的网站还在继续使用，故将这两个网站均纳入了评估范围，分开计算评估分数。农业部网站有政务网和服务网两个版本，本次评估以政务网站为主。

从上文可以看出，我国绝大多数中央部委网站的互联网影响力还处于较弱或很弱阶段，政府网站在互联网上的话语权不强，还有待进一步加强。

（3）省级政府门户网站互联网影响力指数。34个省级政府门户网站中，互联网影响力综合排名前十的依次是上海、重庆、北京、四川、陕西、辽宁、福建、海南、河南、广东。

表9－6　省级政府门户网站互联网影响力指数排名

排名	省级政府门户网站	网站域名	得分	所处阶段
1	上海	www. shanghai. gov. cn	75. 86	有效转强阶段
2	重庆	www. cq. gov. cn	71. 15	
3	北京	www. beijing. gov. cn	70. 77	
4	四川	www. sc. gov. cn	69. 94	中等偏强阶段
5	陕西	www. shaanxi. gov. cn	68. 86	
6	辽宁	www. ln. gov. cn	68. 42	
7	福建	www. fujian. gov. cn	67. 95	
8	海南	www. hainan. gov. cn	64. 29	
9	河南	www. henan. gov. cn	64. 26	
10	广东	www. gd. gov. cn	63. 70	
11	湖南	www. hunan. gov. cn	63. 60	
12	江西	www. jiangxi. gov. cn	63. 27	
13	香港	www. gov. hk	59. 76	
14	安徽	www. ah. gov. cn	59. 58	
15	吉林	www. jl. gov. cn	58. 89	

续表

排名	省级政府门户网站	网站域名	得分	所处阶段
16	天津	www. tj. gov. cn	57. 87	中等偏弱阶段
17	黑龙江	www. hlj. gov. cn	56. 06	
18	河北	www. hebei. gov. cn	55. 17	
19	云南	www. yn. gov. cn	54. 29	
20	内蒙古	www. nmg. gov. cn	53. 39	
21	湖北	www. hubei. gov. cn	52. 34	
22	新疆维吾尔自治区	www. xinjiang. gov. cn	50. 01	
23	江苏	www. jiangsu. gov. cn	44. 56	较弱阶段
24	甘肃	www. gansu. gov. cn	43. 97	
25	广西	www. gxzf. gov. cn	43. 72	
26	宁夏	www. nx. gov. cn	42. 62	
27	山西	www. shanxi. gov. cn	42. 09	
28	山东	www. shandong. gov. cn	41. 97	
29	贵州	www. gzgov. gov. cn	38. 88	很弱阶段
30	澳门	www. gov. mo	38. 10	
31	浙江	www. zhejiang. gov. cn	35. 83	
32	青海	www. qh. gov. cn	31. 69	
33	西藏	www. xizang. gov. cn	30. 93	
34	新疆生产建设兵团	www. xjbt. gov. cn	19. 84	

注：新疆生产建设兵团是国家实行计划单列的特殊社会组织，受中央政府和新疆维吾尔自治区人民政府双重领导。此次评估将其门户网站列为省级政府网站进行考核。此外，由于台湾地区政府网站访问网络存在故障，此次评估暂未将台湾地区的政府网站列入评估范围。

在34家省政府门户网站中，仅有上海、重庆、北京的政府门户网站处于互联网影响力的有效转强阶段，在互联网上的话语权正日益加强；四川、陕西、辽宁、福建、海南、河南、广东、湖南、江西这9家省政府门户网站正处在互联网影响力的中等偏强阶段，能在一定程度上发挥政府网站传递“正能量”的作用；其余省级政府网站还多处于政府网站互联网影响力的中等偏弱或较弱阶段，还需大力提升。

（4）省会城市政府门户网站互联网影响力指数。省会城市政府网站互联网影响力综合排名前十的依次是成都市、长沙市、广州市、南昌市、合肥市、福州市、南宁市、南京市、郑州市、昆明市。成都市政府门户网站的得分为75.97分，是此次参评政府网站互联网影响力指数的最高分，这与其自2011年开始实施搜索引擎用户可见性优化、政府主题与议程服务智能化探索不无关系。

表9－7　省会城市政府门户网站互联网影响力指数排名

排名	省会城市	所属省份	域名	总分	所处阶段
1	成都市	四川省	www. chengdu. gov. cn	75.97	有效转强阶段
2	长沙市	湖南省	www. changsha. gov. cn	69.82	中等偏强阶段
3	广州市	广东省	www. gz. gov. cn	67.67	
4	南昌市	江西省	www. nc. gov. cn	67.50	
5	合肥市	安徽省	www. hefei. gov. cn	67.06	
6	福州市	福建省	www. fuzhou. gov. cn	64.50	
7	南宁市	广西壮族自治区	www. nanning. gov. cn	64.48	
8	南京市	江苏省	www. nanjing. gov. cn	62.06	
9	郑州市	河南省	www. zhengzhou. gov. cn	61.79	
10	昆明市	云南省	www. km. gov. cn	61.22	
11	济南市	山东省	www. jinan. gov. cn	59.89	中等偏弱阶段
12	呼和浩特市	内蒙古自治区	www. huhhot. gov. cn	59.28	
13	哈尔滨市	黑龙江省	www. harbin. gov. cn	59.11	
14	石家庄市	河北省	www. sjz. gov. cn	58.45	
15	海口市	海南省	www. haikou. gov. cn	57.56	
16	贵阳市	贵州省	www. gygov. gov. cn	55.30	
17	西宁市	青海省	www. xining. gov. cn	50.92	
18	西安市	陕西省	www. xa. gov. cn	49.19	较弱阶段
19	武汉市	湖北省	www. wuhan. gov. cn	48.28	
20	太原市	山西省	www. taiyuan. gov. cn	47.98	
21	沈阳市	辽宁省	www. shenyang. gov. cn	45.25	
22	拉萨市	西藏自治区	www. lasa. gov. cn	43.11	
23	银川市	宁夏回族自治区	www. yinchuan. gov. cn	42.6	
24	乌鲁木齐市	新疆维吾尔自治区	www. urumqi. gov. cn	41.28	
25	兰州市	甘肃省	www. lanzhou. gov. cn	36.11	很弱阶段
26	长春市	吉林省	www. ccszf. gov. cn	32.86	
27	杭州市	浙江省	hz. zj. gov. cn	31.19	

注：省会城市不包括直辖市、特别行政区网站。

在参评的27家省会城市政府网站中，仅有成都市一家政府网站的互联网影响力指数处于有效转强阶段，在互联网中具有较大的话语权，能够较好地传递政府网站信息。而其余多数省会政府网站互联网影响力还处于中等偏强或中等偏弱阶段，需大力加强。

（5）副省级城市政府门户网站互联网影响力指数。副省级城市的选取主要是《中央机构编制委员会印发的〈关于副省级市若干问题的意见〉的通知》（中编发〔1995〕5号）中确定的15个副省级城市，这些副省级城市政府门户网站互联网影响力综合排名前五的依次是成都、深圳、广州、厦门、青岛。

表9-8　副省级城市政府门户网站互联网影响力指数排名

排名	副省级城市	网站	总分	所处阶段
1	成　都	www. chengdu. gov. cn	75. 97	有效转强阶段
2	深　圳	www. sz. gov. cn	74. 81	
3	广　州	www. gz. gov. cn	67. 67	中等偏强阶段
4	厦　门	www. xm. gov. cn	67. 03	
5	青　岛	www. qingdao. gov. cn	64. 11	
6	南　京	www. nanjing. gov. cn	62. 06	
7	济　南	www. jinan. gov. cn	59. 89	中等偏弱阶段
8	大　连	www. dl. gov. cn	59. 42	
9	哈尔滨	www. harbin. gov. cn	59. 11	
10	西　安	www. xa. gov. cn	49. 19	较弱阶段
11	宁　波	nb. zj. gov. cn	48. 37	
12	武　汉	www. wuhan. gov. cn	48. 28	
13	沈　阳	www. shenyang. gov. cn	45. 25	
14	长　春	www. ccszf. gov. cn	32. 86	很弱阶段
15	杭　州	hz. zj. gov. cn	31. 19	

在15家副省级城市政府网站中，仅有成都、深圳两家政府网站处于互联网影响力的有效转强阶段，其网站互联网影响力具备较大的上升能力。广州、厦门、青岛、南京这四家政府网站处于互联网影响力的中等偏强阶段，这些网站对微博等社会化媒体以及重要网络媒体的传播覆盖度还有待进一步提升。此外，长春、杭州、西安、宁波、武汉等副省级政府门户网站互联网影响力还需大力提升。

（6）地市级政府门户网站互联网影响力指数。地市级政府门户网站的选取，主要以各省级政府门户网站上公布的地市级政府网站链接地址为依据，共计437家。评估结果显示，处于中等偏弱、较弱、很弱三个阶段的地市级政府网站占绝大多数，而只有7家地市级政府网站互联网影响力达到“有效转强”阶段。

表9-9　地市级政府网站互联网影响力指数阶段分布

单位：%

阶段	有效转强	中等偏强	中等偏弱	较弱	很弱	极弱
网站数量	7	60	109	106	139	16
网站占比	1.6	13.73	24.94	24.26	31.81	3.66

这里选取排名前30的地市级政府网站，具体如表9-10所示。

表9-10　地市级政府门户网站互联网影响力指数前30位排名

排名	城　市	上级省份	域名	总分	所处阶段
1	襄阳市	湖北	www.xf.gov.cn	74.90	有效转强阶段
2	烟台市	山东	www.yantai.gov.cn	73.61	
3	晋城市	山西	www.jconline.cn	71.84	
4	中山市	广东	www.zs.gov.cn	71.43	
5	张家界市	湖南	www.zjj.gov.cn	71.21	
6	宿迁市	江苏	www.suqian.gov.cn	70.73	
7	梅州市	广东	www.meizhou.gov.cn	70.39	
8	长沙市	湖南	www.changsha.gov.cn	69.82	中等偏强阶段
9	漳州市	福建	www.zhangzhou.gov.cn	69.46	
10	盐城市	江苏	www.yancheng.gov.cn	69.25	
11	珠海市	广东	www.zhuhai.gov.cn	69.23	
12	泰州市	江苏	www.taizhou.gov.cn	69.18	
13	马鞍山市	安徽	www.mas.gov.cn	68.77	
14	湛江市	广东	www.zhanjiang.gov.cn	68.58	
15	云浮市	广东	www.yunfu.gov.cn	68.16	
16	咸阳市	陕西	www.xianyang.gov.cn	67.74	
17	阜阳市	安徽	www.fy.gov.cn	67.63	
18	东城区	北京	www.bjdch.gov.cn	67.55	

续表

排名	城　市	上级省份	域名	总分	所处阶段
19	南昌市	江西	www. nc. gov. cn	67. 50	中等偏强阶段
20	徐州市	江苏	www. xz. gov. cn	67. 31	
21	合肥市	安徽	www. hefei. gov. cn	67. 06	
22	东营市	山东	www. dongying. gov. cn	66. 90	
23	潮州市	广东	www. chaozhou. gov. cn	66. 77	
24	汕尾市	广东	www. shanwei. gov. cn	66. 72	
25	哈密地区	新疆	www. hami. gov. cn	66. 69	
26	汉中市	陕西	www. hanzhong. gov. cn	66. 58	
27	海淀区	北京	www. bjhd. gov. cn	66. 52	
28	德州市	山东	www. dezhou. gov. cn	66. 44	
29	汕头市	广东	www. shantou. gov. cn	66. 38	
30	佛山市	广东	www. foshan. gov. cn	65. 61	

从地市级政府门户网站互联网影响力指数来看，不同区域政府网站互联网影响力发展水平差异明显，中东部沿海地区的政府网站互联网影响力指数得分较高，而西部地区政府网站互联网影响力发展水平还有较大的提升空间。

三　国外政府网站提升互联网影响力的典型做法

目前，世界各国均不同程度地意识到了提高政府网站互联网影响力的重要性。美国、澳大利亚等国家还为此成立了专门机构，并通过颁布政策指导性文件等方式推进政府网站互联网文化引导力建设的相关工作。

1. 美国

美国政府一直高度重视并大力提升政府网站在互联网中的影响力。其工作可以划分为以下几个方面。

首先，大力提高政府网站在主流搜索引擎上的可见性（Visibility）。

2004 年，按照 2002 年颁布的《电子政府法》（e-Government Act of 2002）的要求，美国政府信息机构间委员会（ICGI）成立了一个跨部门协同机构，即美国政府网站内容管理者工作组（后来改名为联邦政府网站管理者协会），主要负责为联邦政府网站建设提供指导和政策建议。该组织下设 9 个分会。其中搜索与可见性优化分会（Search/SEO Sub-Council）的主要目标，就是提高美国政府网站所收录的各类信息资源在各大搜索引擎中的表现水平，并在全美政府网站中宣传和推广电子商务网站可见性优化中的最佳案例，从而达到不断提升美国政府网站在互联网中影响力的目的。该机构的主要职责包括五个方面：一是分享提高联邦政府所拥有的各种网络资源，包括数据集合和多媒体信息在搜索引擎中表现的成功策略。二是帮助政府开发站内搜索工具，并总结推广最佳实践经验。三是为所有对政府网站可见性优化的相关技术感兴趣的政府职员提供在线讨论社区。四是调研各类对于提高美国政府网站可见性具有重要作用的商业和开源搜索引擎的技术与功能特征。五是通过招募志愿者等方式，帮助各类搜索引擎提高其在检索政府信息时的可用性。在该组织的推动下，目前美国各级各类政府网站管理部门中都设有专人负责可见性优化工作，美国各城市政府网上服务普遍高度重视可见性优化工作。如纽约市 2011 年发布的《走向纽约的数字未来》报告[①]中指出，来自谷歌等主流搜索引擎的用户来源占到全站 50% 之多，并专门提出了重建纽约市政府网站的任务，将开展搜索引擎可见性优化列为重点任务之一。

为提高政府网站权威信息对于互联网舆论和用户网络使用行为的影响力、宣传本国政府的重要政策，美国政府还会付费购买比较重要的搜索关键词，并在付费位置刊登政府网站的官方指导信息。如美国联邦司法部药品管理局下设的药物转移管制网站（www. deadiversion. usdoj. gov）曾专门在谷歌上购买了药物维柯丁

① http：//www. nyc. gov/html/media/media/PDF/90dayreport. pdf.

（Vicodin）的关键词。用户在谷歌检索“Vicodin”时，在谷歌搜索结果的付费位置上就会显示联邦司法部药品管理局的提示：“在线购买药品可能涉及犯罪”（Purchasing Drugs Online May Be A Crime）。

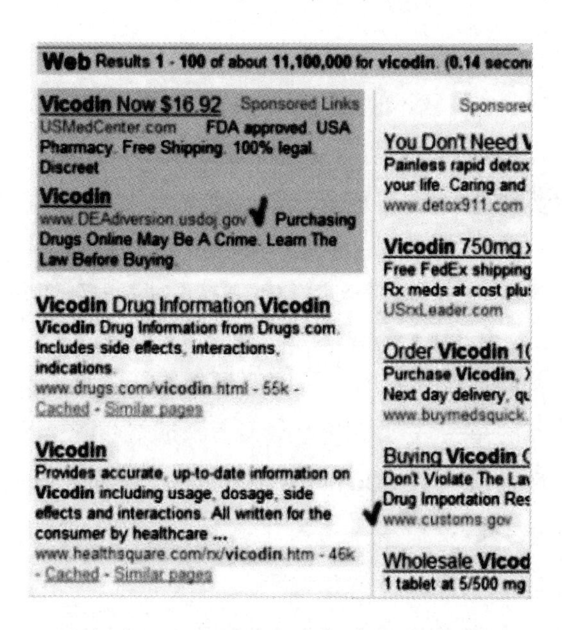

图 9－7　美国联邦政府购买的付费关键词

其次，推进社交媒体技术在政府网站中的充分应用。奥巴马总统上任以来，美国政府高度重视社会化媒体技术对于政府网站服务透明度的提升。2010 年，美国公共与预算管理办公室（OMB）专门发布了一个关于政府网站应用社会化媒体的指南性文件[①]，并指出“为了进一步提高社会公众的参与度，政府网站应当扩大社会化媒体和其他基于网络的交互技术的应用范围”。在上述一系列文件的指导下[②]，美国各级政府网站均将社交媒体技术充分运用到网站建设和运维之中。如美国联邦政府门户网站在 Facebook、blog 等多家社交媒体平台上开通了账号，

① http：//www. whitehouse. gov/omb/assets/inforeg/SocialMediaGuidance_ 04072010. pdf.

② 相关文件列表可参见：http：//www. howto. gov/social – media/using – social – media – in – government。

方便全网进行信息的正向引导；同时，在网站所有页面均开通了 RSS 订阅、短信订阅、邮件订阅、分享到社会化媒体等技术功能，最大限度地提高网站信息在互联网上的传播效率，提升网站信息的互联网影响力。

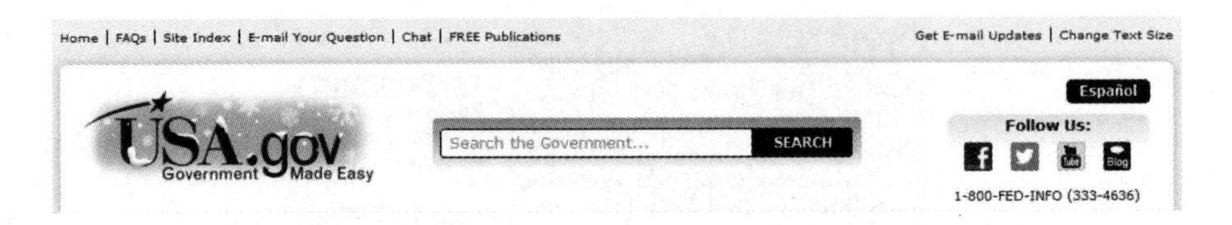

图 9-8　美国联邦政府门户网站提供的各种订阅功能

最后，高度重视移动终端用户的使用体验。当前，移动服务对于政府网上公共服务的重要性已经得到全美上下的高度共识①。2012 年发布的美国《数字政府战略》（Digital Government Strategy）② 提出，要借助移动 API 技术提升政府信息系统对于开放数据的支持力度，该战略的出台是一个重要的里程碑，就是要求每个政府部门必须“优化至少两项现有重要服务事项并使其易于为移动用户使用，同时公布改进其他现有服务的计划”。值得指出的是，上述战略虽然高度强调了移动服务的重要性，但其所提出的目标又非常务实，并且主要立足于有限几项服务的彻底移动化办公，而并没有像目前国内一些地方那样追求将政府网站的所有内容统统放到移动 APP 应用之上。另外，对于政府网站的全网内容，美国各级政府网站普遍采用了一种多终端、多分辨率自动适应的显示技术，从而有效解决了在手机、iPad、PC 等不同终端上浏览同一网页时的页面兼容性问题。图 9-9 显示了美国政府门户网站（http：//www. usa. gov/）在不同大小浏览器中自动变化的页面结构图。

---

① http：//www. howto. gov/mobile/making - government - mobile.

② http：//www. whitehouse. gov/sites/default/files/omb/egov/digital - government/digital - government. html.

图 9-9　美国政府门户网站面向不同尺寸浏览器的自适应界面

2. 英国

与美国相同，英国政府对于政府网站互联网影响力打造问题同样十分重视。如 2012 年 5 月，英国内阁办公室发布了《公务员社交媒体指引》（Social Media Guidance for Civil Servants）[①]，指导各级政府公务员使用社交媒体，以及帮助各政府部门克服使用社交媒体等互联网传播渠道时

① https：//www. gov. uk/government/uploads/system/uploads/attachment_ data/file/62361/Social_ Media_ Guidance. pdf.

的技术壁垒。除此之外，英国政府各部门都高度重视对公务员使用社交媒体的培训。以英国能源与气候变化部为例①，它从 2010 年到 2012 年间，组织了面向不同层次公务员的关于社交媒体的多次培训，见表 9 - 11。

表 9 - 11　英国能源与气候变化部组织的社交媒体培训

培训对象	培训主题	培训团队	花费
新闻发言人	社交媒体介绍	政府通信网络公司(GCN)	400 英镑
政策官员	社交媒体介绍	政府通信网络公司(GCN)	400 英镑
传讯经理、人力资源	网络通信中的社交媒体	公关学院(PR Academy)	265.5 英镑
新闻发言人及技术团队	突发事件中社交媒体的使用	Helpful Technology 公司	2750 英镑

在搜索引擎方面，为帮助英国政府部门网站管理者、内容编辑和元数据管理者们提升英国政府网站在各大搜索引擎上的表现水平，英国中央信息署（Central Office of Information，COI）于 2010 年制定并发布了《搜索引擎优化指南》（指南编号：TG123）②。该指南指出，目前政府网站的设计者总是倾向于假设网站用户首先访问网站首页，并且通过网站的导航系统一步步浏览信息，但实际情况是，大多数用户是通过谷歌、雅虎等搜索引擎直接到达网站具体内容页面的，因此当前政府网站亟须开展搜索引擎可见性优化工作。该指南是目前见到的全球首份官方发布的政府网站搜索优化的专门指导文件，并从如何确保政府网站信息被搜索引擎收录、如何确保用户能够使用自己的语言在政府网站中检索到所需信息、如何提升政府网站在搜索引擎中的排名等方面对政府网站的可见性优化工作提出了系统性的指导意见。

此外，英国政府还十分重视在重大事件中互联网正面形象的舆论引导问题。2005 年以来，英国曾遭到多次恐怖主义袭击，因此英国政府

---

① https://www.gov.uk/government/uploads/system/uploads/attachment_data/file/245880/FOISocialMedia131247WebVersion.pdf.

② http://coi.gov.uk/guidance.php?page=331.

高度重视反恐工作。为阻止不法组织利用国际互联网招募恐怖主义分子和犯罪分子，英国国家安全和反恐办公室（Office of Security and Counter－Terrorism）专门投入预算资助一些温和的伊斯兰团体网站开展搜索可见性优化工作，以提高这些网站的用户流量，并降低激进的恐怖组织网站的排名，从而在互联网上占据主动。英国内政大臣Jacqui Smith声称，通过搜索引擎优化工作的开展，英国政府能够帮助温和的穆斯林组织的网站信息占据互联网搜索主导地位，从而最大限度地降低个人用户通过搜索引擎工具接触极端恐怖主义信息的可能性①。正是通过持续不断的搜索优化工作的开展，目前英国政府网站在国际反恐领域的舆论引导力空前提高。在谷歌上搜索“英国反恐”的相关信息，可以发现排在搜索结果首页中来自政府网站的信息占据了一半之多，且其他位置的信息也都来自英国政府可控的网站（见图9－10）。

3. 澳大利亚

近年来，澳大利亚政府也将提升政府网站在互联网中的公众影响力作为政府信息公开工作的重要内容。2010年成立的澳大利亚信息专员办公室（Office of the Australian Information Commissioner，OAIC）发布的第一份政策报告《澳大利亚政府信息政策导引》② 中，提出了政府信息公开的十大原则，其中第四条“可得信息原则”（Findable information）中指出，要想使得政府信息成为重要的国家资源，就应当让政府网站上公开的所有信息能够被互联网用户很方便地寻找到。为了达到这一目标，该报告进一步提出要求，要在政府网站中“应用搜索引擎优化策略，以确保所有政府公开信息能够被搜索引擎收录”。

受该报告影响，很多澳大利亚中央部委，如澳大利亚交通安全

① http：//news.cnet.com/8301－13639_3－10223182－42.html.

② http：//www.oaic.gov.au/publications/papers/issues_paper1_towards_an_australian_government_information_policy.html#_Toc277670189.

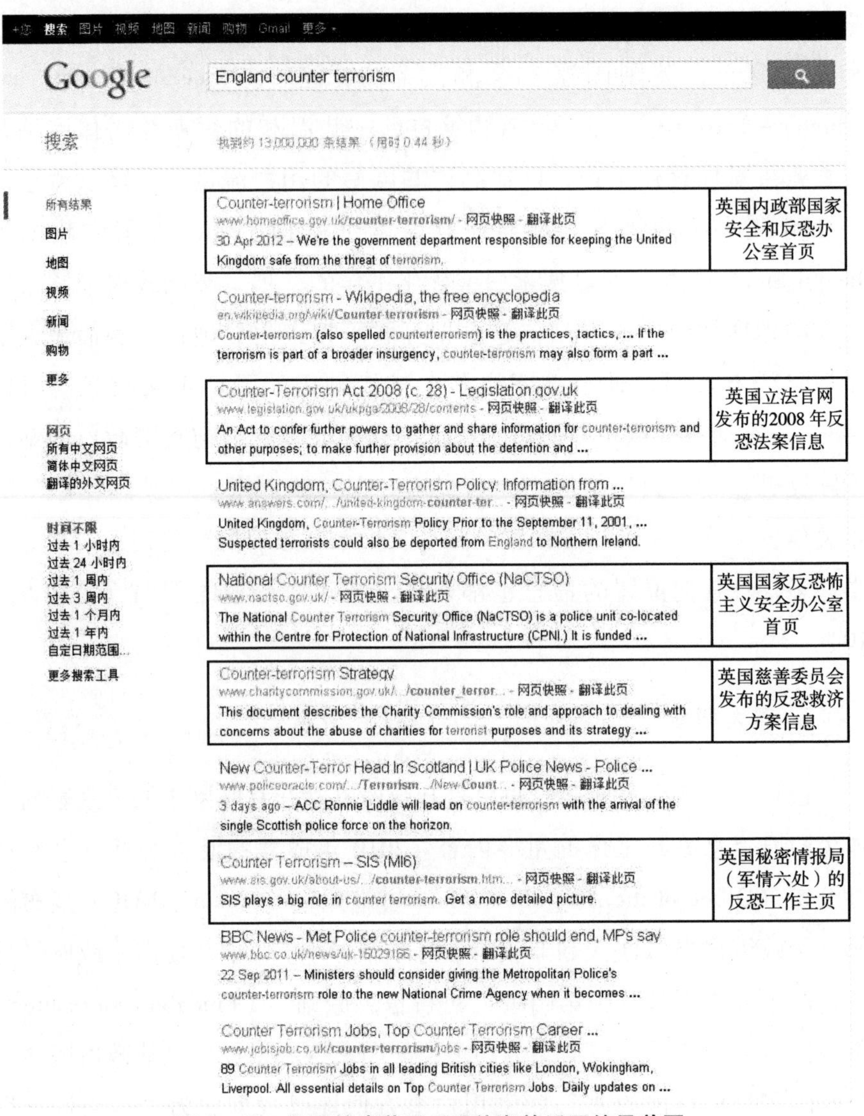

图 9-10　谷歌搜索英国反恐信息的返回结果首页

委员会(ATSB)[①]、澳大利亚海事局（AMSA)[②] 等在随后制定的本部门信息公开方案中，均将开展网站搜索优化列为本部门推进信息公

---

① http：//www. atsb. gov. au/about_ atsb/information – publication – scheme. aspx # Establishing and administering the ATSB's IPS contribution.

② http：//www. amsa. gov. au/About_ AMSA/Freedom_ of_ Information/IPS. asp.

开工作的重要任务之一。如澳大利亚交通安全委员会 2001 年 8 月最新发布的《信息公开方案》中，明确提出将设计一个更加亲和于搜索引擎规则的元数据框架作为交通安全委员会推进信息公开工作的重点任务之一。此外，ATSB 还在该方案中介绍了拟采用的可见性优化技术工具，如 Funnelback 的索引工具和 Umbraco 网站内容管理系统等。

四 政府网站互联网影响力提升的技术手段

从前面的分析可以看出，近几年来，欧美发达国家围绕政府网站互联网影响力提升的问题，形成了一系列成熟的技术工具和工作方法，这类技术方法可以统称为政府网站的可见性优化技术。所谓网站的可见性优化，是指通过优化网站在搜索引擎、社会化媒体、主流导航网站等信息传播渠道中的信息展示方式和提高展示深度，提升网站信息的互联网传播能力的一类技术。国外学者早在 2005 年前后就开始大规模关注这一问题，Paul Wouters 等[①]从技术角度，对不可见网络（invisible web）开展实证分析，研究指出网站信息的可见性具有高度不稳定性，并且受制于特定的网络条件以及搜索特征等等。在此基础上，Melius Weideman 等对国内外关于网站导航结构如何影响网站可见性的研究进行了回溯分析[②]，并出版了网站可见性研究的奠基之作：《网站可见性：提高排名的理论与实践》一书[③]。在政府网上服务领域，很多研究者也

① Paul Wouters, Colin Reddy and Isidro Aguillo. On the Visibility of Information on the Web: an Exploratory Experimental Approach [J]. *Research Evaluation.* 2006, 15 (2): 107 - 115.

② Melius Weideman, Mongezi Mgidana. Website Navigation Architectures and Their Effect on Website Visibility: a Literature Survey [C]. Proceeding SAICSIT'04 Proceedings of the 2004 annual research conference of the South African institute of computer scientists and information technologists on IT research in developing countries. 292 - 296.

③ Melius Weideman. *Website Visibility: The Theory and Practice of Improving Rankings* [M]. Neal-Schuman Publishers, 2009.

对可见性优化问题进行了研究。如 Ian Holliday[①] 在谷歌、MSN 和雅虎等搜索引擎平台上测试了东亚、东南亚共 16 个国家政府网站相关信息出现在检索结果前十位的比例，以其作为政府网站可见性的评估指标。受此启发，加州大学洛杉矶分校的 Janet Kaaya[②] 也对肯尼亚、坦桑尼亚和乌干达三个东非国家的 98 个政府部门网站进行可见性测评，发现它们的平均可见性水平为 32%。

本书将政府网站的互联网影响力提升技术划分为以下几大类。

1. 搜索引擎可见性优化技术

目前，搜索引擎可见性优化工作在商业领域开展得十分普遍，大部分国际知名企业和大型网站均把开展搜索引擎可见性优化工作作为网站建设的“规定动作”，不少知名网站还设有从事搜索引擎可见性优化的专门岗位。从原理上说，商业领域开展可见性优化的技术方法已经非常成熟，这些方法大部分在政府网站和重点新闻网站上同样适用。

但需要注意的是，商业领域的技术体系尽管成熟，但是也不能完全照搬照用，需要有选择、有步骤地使用。例如，很多商业公司会采取一些作弊手段，比如关键词堆砌、恶意链接等来快速增加本网站信息的可见性，这种利用互联网游戏规则漏洞的手段，不利于互联网本身的健康可持续发展，显然不能被政府网站所采用。从本质上说，政府网站服务具有公益性，因此可见性优化主要依靠练“内功”，即不断优化政府网站技术架构，使其能够更加亲和互联网的技术环境，并且更加便捷地被搜索引擎收录，而不能硬性改变互联网和搜索引擎的游戏规则，更不能采用一些小的商业领域公司使用的作弊手段。

---

① Ian Holliday. Building e-Government in East and Southeast Asia: Regional Rhetoric and National Action [J]. *Public Administration and Development*, 2002 (22): 323 – 335.

② Janet Kaaya. Implementing E-government Services in East Africa: Assessing Status through Content Analysis of Government Websites [J]. *Electronic Journal of E-government*, 2004.

另外，更重要的是，由于政府公共信息服务同时还存在很多迥异于商业网站的特殊性，这也使得应用商业领域的技术手段只能够解决政府网站可见性优化的一部分问题，还有很多问题尚须结合政府网站的特殊情况进一步研究。

基于上述考虑，笔者提出政府和重点新闻网站开展可见性优化的“2+5”方法体系。所谓“2”，是指政府可以大胆尝试并借鉴商业领域的搜索引擎优化和搜索引擎营销两大类基本的可见性优化方法；所谓“5”，是指针对政府网上公共信息服务自身的特点，提出的精准优化、协同优化、应急优化等五大类特殊方法。

（1）搜索引擎优化（SEO）技术。搜索引擎优化（Search Engine Optimization，SEO）是指通过采用易于被搜索引擎收录索引的合理手段，使网站各项基本要素适合搜索引擎的检索原则并且对用户更友好，从而使得网站信息更容易被搜索引擎收录，更容易被推送到搜索结果的前列，从而帮助网站提升用户流量，让网站在行业内占据领先地位，获得品牌收益。搜索引擎优化的主要技术可以分为站外优化和站内优化两大类。

站外优化，是指脱离站点的搜索引擎技术。由于网站外部链接对于提升网站搜索引擎等级非常重要，因此提升网站的外部链接数量对于优化网站的搜索结果具有积极意义。常见的站外优化技术包括链接交换、行业分类目录、社会化书签、博客链接、直接购买链接等方式。

站内优化，主要包括对网站的内部链接结构优化（使用纯文本链接，并定义全局统一链接位置）、标题内容描述（标题中需要包含有优化关键字的内容，同时网站中的多个页面标题不能雷同）、关键词密度优化（过多或者过少的网站关键词列表都不利于页面排名）、网站技术架构调整（对域名、URL 地址、页面层级、页面加载时间等的优化）等方面。

前文介绍的美国、英国、澳大利亚等西方国家政府都普遍将搜索引擎优化等技术引入政府网站建设中。2006 年 9 月，美国联邦政府网站就曾邀请 Google 公司的搜索引擎优化（SEO）专家 Adam Lasnik 作为讲师，为政府部门相关部门人员讲授搜索引擎工作原理以及搜索引擎优化课程。此外，英国政府和印度政府还由政府主管部门发布了适用于政府网站的搜索引擎优化技术指南。

（2）搜索引擎营销（Search Engine Marketing，SEM）技术。传统营销需要选择目标市场，通过创造、传递、传播优质的客户价值，获得、保持和发展优质客户。而在互联网时代，网站由于其内容丰富、查阅方便、不受时空限制、成本低等优势，广受网民和商家的喜爱，成为传递、传播价值的主要手段，并在获得、保持和发展客户方面呈现强大的潜力。所以，围绕网站的营销活动越来越丰富。搜索引擎也收录了商家的网站，当有网民搜索相关信息的时候就可以展现出来，感兴趣的用户点击搜索结果页上的链接，进入商家的网站，浏览产品信息，注册成为会员，留下联系方式，定制感兴趣的资料列表，甚至通过网页注明的销售电话或在线购物完成购买。

在这样的背景下，搜索引擎营销技术应运而生。所谓搜索引擎营销，就是根据用户使用搜索引擎的方式，利用用户检索信息的机会尽可能将营销信息传递给目标用户。简单来说，搜索引擎营销就是基于搜索引擎平台的网络营销，利用人们对搜索引擎的依赖和使用习惯，在人们检索信息的时候尽可能将营销信息传递给目标客户。

搜索引擎营销的基本原理，就是用关键词来锁定不同人群，通过相关搜索结果页和网站上有针对性的信息与搜索引擎用户进行互动来达到营销的目的。其基本假设，就是搜索不同关键词的搜索者都各自有一些独特的兴趣点或社会属性，而营销者可以基于关键词来细分有不同兴趣点和属性的目标受众，选择有针对性的搜索结果信息和网页与之沟通，达到精准营销的目的。

由于政府公共信息服务的纯公共属性，一般很少有人将搜索引擎营销技术引入政府网站的可见性优化工作之中。但美国联邦政府在这方面同样进行了大胆尝试，如前文提到的美国联邦司法部药品管理局就曾购买一批违禁药物的关键词。网民在检索这些信息时，联邦政府的警示信息和相关政策出现在付费位置上，从而提醒网民注意风险，收到了良好效果。未来，可以积极探索并研究通过购买与公益事业和公共服务相关的付费关键词的方式，将搜索引擎营销的模式引入政府公共服务之中。

在介绍商业领域的两类通用技术及其在政府网站领域中的应用情况的基础上，结合政府和重点新闻网站服务的特殊性，提出以下五类政府开展可见性优化的特殊技术。

（3）精准优化技术。政府网站和商业网站的第一个差异，在于政府网站服务的异质性。商业网站的信息是同质化的，一个网站上的所有信息都属于企业的业务内容，都应当最大限度地开展可见性优化。但是政府网站的信息资源种类非常繁复，政务属性差异明显，因此需要针对不同政务属性的信息资源开展不同强度的优化。一方面，政府网站中的实质性服务和正面信息的优化强度应当较高。具体来说，网站用户应当首先找到政务动态、政务公开和办事服务类信息。要确保政府网站提供的数千项服务事项和政务公开信息被搜索引擎最大限度地收录。另一方面，对于办事投诉、举报等相对负面的信息，以及办事信息中尚未解决或解决效果不好的信息的优化要慎重开展，不优化或选择性优化。

为此，政府网站可见性的精准优化技术，就是要通过分析梳理网站政务属性，强化对政务动态、政务公开和办事服务类信息的优化力度，弱化对办事投诉、举报等相对负面的信息的优化力度；在具体实施上，通过加载先进的网站智能分析工具，对不同网站栏目信息开展精准优化，包括对搜索来源用户比例较低的栏目和服务进行重点优化；对搜索来源用户的需求满足度较低的栏目，调整栏目服务定位，或者调整栏目内容可见性优化的强度和方向，等等。

（4）协同优化技术。政府网站和商业网站的第二个差异，是政府网站服务的非竞争性。由于不同的政府网站相互之间并不存在竞争关系，因此不是所有政府网站的信息都应当通过优化排到搜索结果的第一名。因此政府网站的可见性优化工作应当在顶层做好协同工作，各部门、各层级有序推进这项工作。切忌网站各自为战，相互竞争，造成不必要的混乱。

为此，政府网站可见性的协同优化技术，就是要制定政府网站可见性协同优化标准，规范政府网上服务的信息要素，包括地域归属、部门归属、时间戳等信息，再依据本地政府网站信息优先、上级部门网站信息优先、先发信息优先、富媒体信息优先等原则，明确不同地区、不同层级、不同部门政府网站的可见性优化梯度分布。

（5）关键词优化技术。政府网站和商业网站的第三个差异，是政府网上服务具有很强的专业性。而商业网站所使用的术语，一般会尽量接近网民的使用习惯，从而更好地被网民所理解。而政府网站所使用的很多术语，由于其从属于政府公文行文的规范要求，因此和网民的使用习惯之间存在较大差异。例如针对北京堵车治理问题，某市网站曾专门推出了“推进某市交通科学发展加大力度缓解交通拥堵”专栏，但由于网民在搜索引擎上只会搜索“某市堵车”，网民的需求表述和政府的网页关键词之间不匹配，最终导致上述专栏信息很难被网民检索到。在百度搜索“某市堵车”时，返回结果的前五页均没有该市政府网站的信息；相反很多质疑和负面言论在前几页中时有出现，严重影响了上述专栏开通后正面引导和宣传作用的发挥。

为此，政府网站可见性的关键词优化技术，目的是建立政府网上公共服务主题词表，在此基础上使用“机器 + 人工”的方式构建专业用户和用户常用语之间的映射规则库，在开展政府网站可见性优化工作时，利用技术手段提升政府网站信息的全站语义标引治理，从而帮助搜索引擎更好地理解政府专业术语，提高用户搜索的准确性。

（6）垂直搜索引擎技术。政府网站和商业网站的第四个差异，是政府网上信息服务的体系性。我国政府的网上服务是由不同地区、不同等级、不同部门的数万家政府网站共同组成的庞大的政府公共信息服务体系。随着当前政府网站所承载的信息资源的数量越来越大，各级政府门户网站还面临着整合各部门网站信息资源的任务。但如果各级各类政府分别开展整合任务，势必会继续造成政府网上信息资源“四分五裂”、各自提供服务的状况。

因此，在政府网站管理条块分割现象短期无法也不宜改变的现状下，借助垂直搜索引擎技术，对行政层级关系比较松散的部门间的资源进行定向整理，为公众提供统一的检索入口，是能够快速提高政府网站群信息资源整体可见性的一个有效途径。为此，建议基于国家电子政务外网平台，建设面向全国政府和重点新闻网站的网上信息资源垂直搜索引擎。一方面直接为公众提供政府公共服务专业搜索服务，另一方面还可以与百度、谷歌等商业主流搜索引擎开展深度合作，发挥政府垂直搜索引擎的海量、准确、权威的信息资源体系和商业搜索引擎巨大的用户流量的双重优势，为社会公众提供一体化服务。

（7）应急优化技术。目前，各地政府网站尽管大多建有较为完备的应急响应系统，但这种应急大多主要基于网站自身的安全、运维等技术性突发事件。但事实上，作为互联网时代党和政府执政为民形象宣传和舆论引导的重要力量，政府网站还应当做好政府行政运作中遇到的各种突发性事件，比如“十八大”等重大政治事件、重要节庆活动以及食品药品安全、交通运输、安全生产等公共领域突发安全问题等的应急性响应工作。

为此，政府网站可见性的应急优化技术，就是要建设全国政府网上信息资源可见性实时监控平台，构建常规优化与应急优化相结合、自动优化与人工优化相结合、技术优化与内容优化相结合的应急优化体系，形成“实时监控—常态处理—应急响应—危机预警”的应急优化工作机制。针对重大政治活动、重要节庆日、当地政府重点工作、公共突发事件等，开展政府网上信息资源的应急优化工作。

2. 社交媒体可见性优化技术

随着社交媒体在近年来的不断流行，在互联网营销界近年来兴起了一个新的营销方法——社交媒体优化（Social Media Optimization，SMO）①。所谓社交媒体优化，是指通过社会化媒体、在线组织及社区网站等渠道提高网站信息资源的互联网传播能力的一整套方法②。简而言之，社交媒体优化就是利用各类社交媒体对外发布和传播网站上的各种信息，它主要不是针对网站本身的各种元素进行优化，而是要求网站的管理者加入社会网络之中，通过与网民的积极互动达到网站服务内容营销的目的。在商业网站中，常见的 SMO 方法包括添加 RSS 订阅、“Digg This” 顶上去、博客写作及非合作形式的第三方社区功能（如 Flickr 图片幻灯片、YouTube 的视频分享）等。

近年来，随着全球政府网站对于社交媒体的高度重视，上述社交媒体可见性优化的方法也被不同程度地引入政府网站之中。具体来说，政府网站的社交媒体可见性优化技术可以包括以下几个方面。

（1）主动推送机制。政府网站开通政务微博或其他社会化媒体官方账号，是促进官方权威、正面信息在社交媒体中传播的重要手段。如美国政府网站就在 Facebook、blog 等多家社交媒体平台上开通了账号，方便在互联网进行政府网站信息的正向引导。在我国，随着微博客的迅速发展，越来越多的党政机构和党政干部开通了政务微博客。据统计，截至 2013 年底，新浪政务微博总数共计 100151 个，其中机构官方微博 66830 个，公职人员微博 33321 个③。

但目前我国政务微博发展中普遍存在的一个问题，是与政府网站之间在后台管理体制方面存在的“隔阂”。目前我国大部分政务微博的开

---

① 李宝玲：《实施社交媒体营销拓展网络营销渠道》，《北京印刷学院学报》2012 年第 1 期。

② http：//www. computerecommerce. com/social – media – optimization. aspx.

③ http：//news. sina. com. cn/c/2013 – 12 – 26/153729089621. shtml.

通运维部门是政府宣传部门，而政府网站则大多由办公厅主管。两者之间信息不同步甚至无关联的问题较为普遍。下一步需要提高政府网站与微博这两大信息发布渠道的整合力度：一是在政府网站上增加政务微博入口，有效提高政务微博的点击率；二是政务微博在发布相关信息时，首选转载来自政府网站的动态新闻，并且在微博内容中提供超链接地址，有效提高政府网站在微博用户中的影响力。

除了政务微博、微信之外，其他一些重要的社交媒体渠道也应当引起政府网站的高度重视。例如，当前网民在获取文档时，往往倾向于使用道客巴巴、豆丁、百度文库等社会化文档分享网站；在查询信息时，则往往喜欢使用百度知道、百度百科等社会化知识库。政府网站应当在上述社会化传播渠道中进一步提升信息的影响力，通过注册政府网站官方账号，以官方权威身份回答百度知道等社会化渠道中用户提出的与政府网站工作相关的问题，将网站信息主动推送到诸如百度文库等渠道之中，从而提高网站信息在主要互联网传播渠道中的正面影响力。

此外，还有一类比较特殊的信息推送渠道，它尽管不属于典型的社会化媒体推送，但与上述的社会化媒体有一定相似性，这就是专业网址导航网站。所谓网址导航网站，就是一些专门将常用网站地址整理归类后提供给用户使用的网站。这些网站大多有一些浏览器提供商（如搜狗浏览器集成的搜狗网址导航①）或搜索引擎（如百度旗下的 hao123 网址导航②）提供，对于一些上网方式固定的用户而言，这类网站具有很强的用户黏度，因此也成为互联网信息传播和推送中一类不可忽视的传播渠道。由于政府网站往往是本行业或本区域内最为权威的网站，因此应当提高政府网站针对主流网址导航网站的推送能力，通过技术手段进行网站信息推送和优化，确保网站地址被常见的主流导航网站收录。

---

① http：//123. sogou. com/.

② http：//www. hao123. com/.

图 9－11 显示了基于样本网站统计的主要网址导航网站的政府网站用户访问情况。

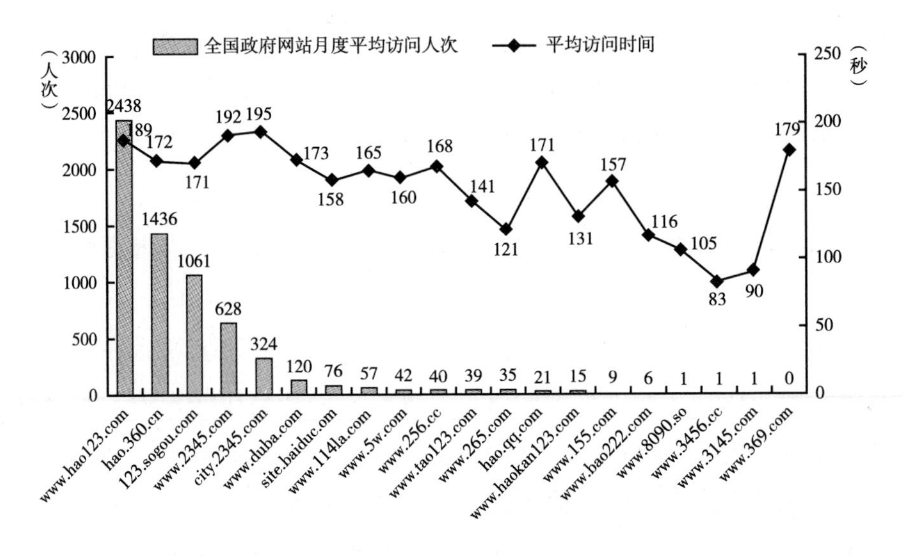

图 9－11　全国政府网站各目录导航网站来源访问情况

（2）用户分享机制。用户分享机制，是指通过网民在浏览相关网页时自发进行的分享推送行为促进政府网站信息在社会化媒体中的传播。这种分享尽管相比主动推送的方式见效较慢，但被推送的内容由于都是网民自发转载的，往往更加符合互联网公众的浏览需求，故而传播效率更高、效果更好。政府网站可以通过开通 RSS 订阅、短信订阅、邮件订阅、分享到社会化媒体等技术功能，最大限度提高网站信息在互联网上的传播效率，提升网站信息的互联网影响力。如美国政府网站就在全站相关页面中都加入了社会化分享按钮，方便用户直接向相关渠道推送网站信息。如图 9－12 所示。

近期，为了提升政府网站信息在微博、微信等社会化媒体上的影响力，国家信息中心还面向各级各类政府网站推出了“正分享”免费插件，为政府网站提供了安全可控的社会化分享功能，帮助政府实时了解用户分享的热点和趋势变化，并及时把政府网上信息分享到社会化媒体上，提升政府网上信息的覆盖度和影响力。

图 9 – 12　美国政府主页 "share" 分享按钮

图 9 – 13　一款专门面向政府网站提供的分享插件：正分享

3. 移动用户群体可见性优化技术

近年来，移动用户群体呈现迅猛增长态势。据 CNNIC 最新统计数据，截至 2014 年 6 月底，我国手机网民规模已达 5.27 亿人。在这一背景下，基于移动终端的政府公共服务应用开始得到各地政府的高度重视。从技术上说，面向移动用户群体的可见性优化技术分为两大类。

（1）传统政府网站内容的移动终端移植。主要包括两种方式：一是开通专门的手机 APP，并将传统政府门户网站内容置于其中，其 APP 界面上也包括信息公开、资讯中心、政务大厅、政民互动等基本栏目版块，这种方式在国内地方政府网站中应用最为普遍，如中国无锡手机版门户①。二是通过基于云平台的“微门户”技术提供 APP 服务，如中国泰州微门户 APP 服务②。这种方式的基本原理，是借助第三方机构的“爬虫”获取政府网站的信息，并将这些信息存储到远程的云数据中心上，第三方机构按照移动门户的内容标准和展现标准，对相关政府网站的栏目、信息进行整合，并为各类移动设备提供远程 APP 服务。这种模式实际上类似于“垂直搜索 + 移动门户”，它能够通过统一的云中心集成不同地区和部门的网站内容，为公众提供一体化的政务信息服务，是一种成本相对比较低廉的 APP 建设方式。但值得指出的是，上述两种模式实际上是传统互联网应用在手机上的移植，并没有针对移动用户的特殊需求进行定制化开发。实际上，在手机小屏幕上查看信息公开或者办事指南的人微乎其微，大多数移动终端网民使用手机应用的主要目的是交互或者进行重要信息推送，类似电脑用户那样“漫无目的”地浏览网页的人相对较少，用户缺乏专门下载一个 APP 应用的动力，因此这种 APP 的使用效果普遍不够理想。

（2）专门的移动政务服务 APP。如前所述，欧美国家政府网站在

---

① http：//www. wuxi. gov. cn/sjydym/index. html.

② http：//www. taizhou. gov. cn/col/col5201/.

推出移动终端APP服务时，并不追求“大而全”，而是立足于一个或几个政务服务应用，追求将有限几个政务服务彻底通过移动终端实现全流程办理。在这一思路指导下，美国政府网站为移动终端用户推出了多达376种移动APP服务[①]，其主题涵盖教育、医疗、新闻、金融、旅游等各个民生领域，大大方便了移动终端用户对政府在线服务的使用。

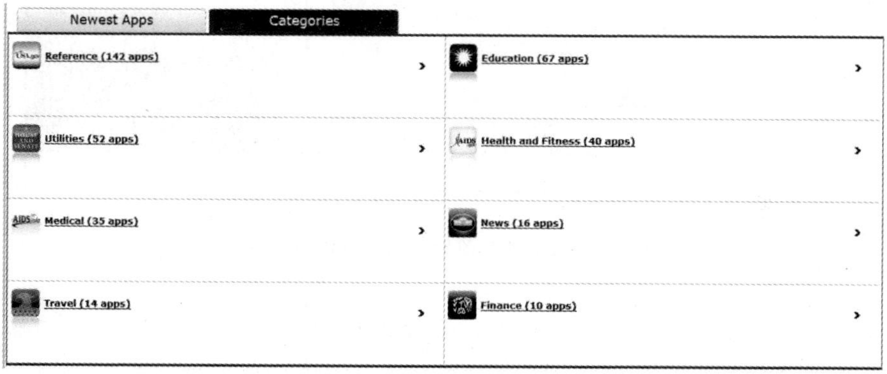

图9-14 apps. usa. gov上提供的移动政务服务APP分类

国内政府网站中，首都之窗推出的“北京服务您”[②] 移动APP也属于这种专门定位于有限服务的移动APP，它并没有完全按照传统政府网站的几大栏目进行设置，而是突出了咨询推送、在线互动和重要应用推送等几大功能，较好地兼顾了移动终端用户的特殊需求，值得其他政府网站加以借鉴。

（3）政府网站页面的移动终端自适应。除专门推出移动APP之外，政府网站页面的设计也越来越突出移动终端的自适应能力。目前，欧美发达国家政府网站普遍实现了网站页面在不同分辨率屏幕上自适应显示的技术功能，如前述的美国政府门户网站。而我国政府网站目前大多还是依靠提供专门的WAP版首页入口来解决该问题，尚较少见到完全自

① http://apps. usa. gov/.

② http://www. beijing. gov. cn/zhuanti/bjfwn/.

图 9-15　三个地方政府网站的 APP 服务界面

适应不同终端设备的案例。目前，部分政府网站 CMS 厂商推出了“移动适配器”技术①，政府网站用户无需更换网站系统，只需要在网站中添加一行 JS 代码，网站便可以智能适配各种手机端访问，从而为手机用户提供最佳的浏览体验。此外，下一步还应当提高网站全站页面在移动终端浏览器中的显示兼容性，确保在苹果、安卓、WP 等移动操作系统浏览器中不出现技术功能不可用、页面区块无法显示等问题，有效保障移动终端用户的访问体验。

① http://www.powereasy.net/Category_1669/Index.aspx.

第十章 政府网站改版“五步规划法”

发达国家近年来在智慧网上公共服务方面做出的各种尝试，也为我国政府网站发展转型升级提供了良好借鉴。总体上看，我国政府网站要进一步提升服务能力，提高用户满意度，就必须从理论到实践都实现大的突破。政府网站需要借鉴电子政务发达国家和商业网站的成功经验，积极探索提升网站服务体验和精准推送信息的方式，已经成为政府网站工作者的普遍共识。

2012年以来，我们在基于大数据技术分析与优化政府网站方面进行了一些探索，并参与了中央政府门户网站、国家发改委、农业部等一批影响面较广的政府网站改版规划和设计工作，初步探索出了一套基于大数据的政府网站分析与改版规划方法。

一 “五步规划法”概述

一般来说，大型政府网站大约每1~2年会组织一次大规模的改版升级工作，以商务部网站为例，其近十年来大约每两年即组织一次改版[①]。通过定期开展改版升级和服务优化工作，能够保障政府网站在飞速发展的互联网大环境中始终与最新潮流保持一致，不断改进网站服务效果。

① http：//www. mofcom. gov. cn/bc/.

以往政府网站在设计网站改版规划方案时，往往过于注重对于自身网站内容的丰富，以及业务部门需求的满足，但在用户需求调研方面，则缺乏积极性和主动性。有的政府网站虽然意识到用户需求调研的重要性，但在实施的技术手段方面局限性较大，仅仅依靠座谈会、调查问卷等传统形式。通过这些手段收集的用户需求，仅是一小部分网民的意见，且问卷所设置的问题往往是封闭式的，无法反映网民需求的全貌，其科学性和合理性均无法支撑一个大型网站改版的需求。以上种种因素的存在，使得过去政府网站在改版规划时，从自身出发规划栏目较多，而从用户需求出发设计服务的较少；依靠领导拍板甚至主观“拍脑袋”决策网站规划方案的较多，而真正基于客观数据进行科学决策的较少；借鉴模仿其他网站或依据上级文件精神设计栏目体系的较多，而完全基于用户需求推陈出新，主动设计新服务、新内容的较少。

针对以上问题，笔者结合近年来在政府网站数据分析与改版规划领域的实践经验，提出了一套新的基于数据的政府网站改版规划量化设计方法。如图 10－1 所示。

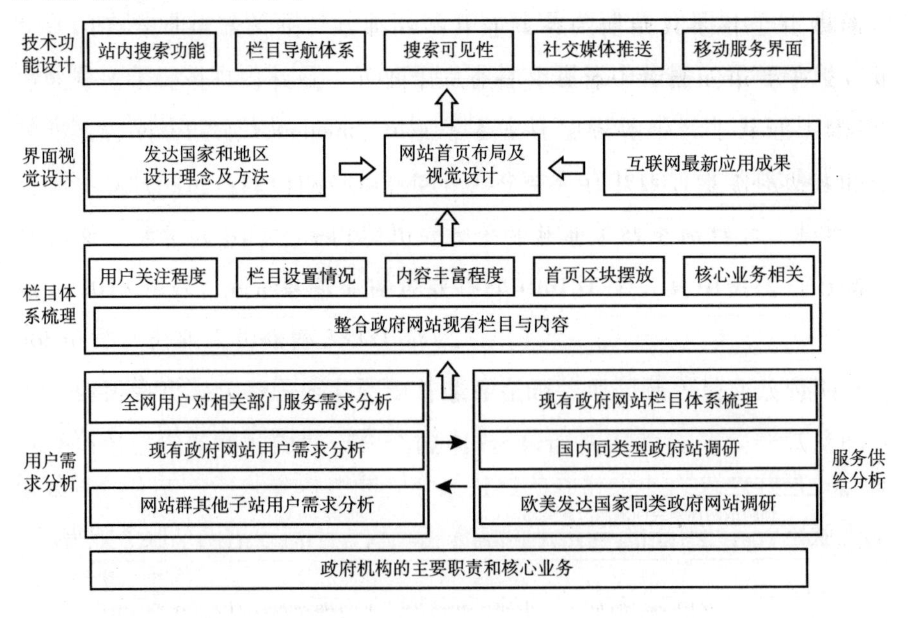

图 10－1　基于数据的政府网站改版规划方法体系

从图 10－1 可以看出，上述基于数据的政府网站改版规划方法包括五个基本步骤，即服务供给分析、用户需求分析、栏目体系梳理、界面视觉设计和技术功能设计。目前该方法已经在多家政府网站改版规划中得到了成功应用。总体而言，上述方法遵循以下四个基本原则。

一是紧扣政府的主要职责与核心业务。紧密围绕政府部门核心业务和职能定位，全面开展业务信息服务需求和业务领域发展现状调研，确保政府网站的改版方案体现政府部门业务发展实际需求。

二是从用户需求视角重构服务体系。充分挖掘政府门户网站、网站群以及整个互联网上不同传播渠道的各类用户服务需求，做好需求细化与应用分类，突出服务需求满足度，实现业务与服务的无缝对接。

三是兼顾现有资源与长远发展规划。应当充分利用政府网站现有的服务资源，结合网站用户服务需求的分析和对未来相关业务部门重点建设业务领域的判断，灵活整合优化服务界面，逐步推进创新型服务功能和服务资源上线。

四是探索大数据支撑决策的新模式。坚持用数据说话，通过开展网站用户需求和用户行为的数据分析，形成面向网站首页、栏目和具体页面改版优化的针对性建议，确保网站改版方案科学有效。

以下对该方法的五个基本步骤进行详细介绍。

二　第一步：服务供给分析

政府网站服务运行的基础，是政府面向社会公众提供的各种服务内容。因此，政府网站改版规划的第一个步骤就是要开展服务供给内容的分析，使得改版规划的新网站服务紧扣政府部门的主要职责与核心业务，确保改版方案体现政府部门业务发展的实际需求。政府网站改版规划是一个复杂的系统工程，涉及运维单位、业务部门、上级主管部门、建站公司等方方面面的工作梳理和业务决策需求。因此，在网站服务供给阶段，需要全面开展网站业务信息服务需求和业务领域发展现状调研。

一般来说，政府网站服务供给调研的主要内容包括以下几个方面。

一是针对相关业务部门的走访调研，通过召开座谈会、发放调研问卷等方式，清楚了解相关业务部门的基本情况。包括：相关政府业务部门具体负责哪些服务职能？目前已经积累了哪些可供公众使用的信息资源？未来打算推出哪些新的服务内容？目前网站上有各业务部门负责提供的栏目，其内容保障机制和保障力度如何？对门户网站技术运维和后台保障有哪些新需求？等等。

二是对现有政府网站栏目运维保障机制的全面梳理。包括：现有网站栏目体系的组织结构存在哪些不合理之处？是否存在栏目之间服务内容不清晰，或栏目内容交叉重叠的情况？网站现有的各个栏目，内容保障机制是否完善？栏目内容的原创性和权威性如何？内容更新频率和更新质量如何？是否存在栏目更新不及时、内容保障不到位的情况？等等。

三是对国内和国外同类型政府网站服务内容和栏目体系的调研。包括：国内外同行业或同类型政府网站的服务定位、主要服务的用户群体是哪些？同类型政府网站的管理体制和运维保障机制如何？网站栏目体系组织的内在逻辑？目前网站开通的特色栏目或新技术功能有哪些？等等。“他山之石，可以攻玉”，对国内外同类型政府网站的调研，能够为政府网站改版规划提供很多有益借鉴。

对政府网站服务供给情况的全面调研，能够帮助网站改版规划设计者清楚了解政府网站目前的“家底”如何，从而有助于在后续开展栏目体系调整或整合形成新服务时做到心中有数。确保改版规划方案能够充分利用政府网站现有服务资源，灵活有效地整合优化服务内容和服务界面，做到兼顾现有资源与长远发展规划。

三　第二步：用户需求分析

要想在改版规划工作过程中真正做到科学、客观、有效，打造出一个群众满意的政府在线服务门户，开展全面深入的用户需求分析至关重要。此处所谈到的用户需求分析主要包括三个层面。

一是来到政府网站用户的需求分析。本书第四章已经对政府网站用户需求分析的基本方法进行了详细介绍，此处不再详细展开。需要指出的是，第四章所论述的用户需求分析，主要是指来到了政府网站的用户的需求情况分析，我们可以称之为“狭义”的用户需求分析。而在网站改版规划设计时，除了上述用户需求之外，整个互联网用户的需求，以及本地区或本行业网站群用户的整体需求，可以称为“广义”的用户需求，对于政府网站服务改进来说同样具有重要意义，以下部分将对两类“广义”用户需求进行详细介绍。

二是全网用户需求，即在搜索引擎、社交媒体、新闻媒体、论坛等各种互联网信息传播渠道中聚集的用户对于政府网上服务的需求。互联网是一个大生态圈，政府网站作为其中的一个有机组成部分，同样需要考虑在其他信息传播渠道中的用户需求问题。因此，有条件的政府网站在开展网站改版规划设计时，应当抓取并分析微博、搜索引擎等重要信息传播渠道中与本地区或本部门政府工作或网上服务密切相关的各种信息，并归纳这些渠道用户的服务需求。通过笔者的分析实践发现，不同信息传播渠道的用户需求具有一定差异性，比如微博用户相对而言更加关注与民生服务和日常生活密切相关的服务信息，而搜索引擎用户则往往关注与政府机构、重要政策和领导人有关的服务内容。因此，可以参照当前不同互联网信息传播渠道的用户使用比例，计算其加权平均分布情况，作为网站改进和创新服务内容的重要参考依据。

三是网站群用户的整体需求，也可以说是跨部门需求。20 世纪 90 年代中后期开始，西方国家很多学者提出“整体性政府”（Whole-of-Government）的概念，强调政府部门服务改革应当重视政府整体功能的发挥和部门之间的协调[①]。对于政府网站来说，很多用户在互联网

① 王佃利、吕俊平：《整体性政府与大部门体制：行政改革的理念辨析》，《中国行政管理》2010 年第 1 期。

上找政府时，他们并不清楚各个政府部门有什么区别，因此往往把政府网站群看作一个整体。对于政府门户网站的改版规划设计而言，只有把本地区或本行业网站群用户视为一整个服务群体，对这个用户群体的需求进行一体化分析，才能够真正全面地把握门户网站用户的需求全貌，基于此来确定门户网站的服务定位，从而做出科学、合理的改版规划决策。

通过对政府网站的“狭义”用户需求，以及互联网和政府网站群的“广义”用户需求的全面分析，可以充分发掘不同用户的服务需求，指导网站改版规划设计工作者做好需求细化与应用分类，帮助实现从用户需求视角重构服务体系，突出服务需求满足度，引导服务供给，实现业务与服务的无缝对接。同时，这种基于全用户群体的数据分析，恰恰符合当前大数据发展的基本理念，在改版规划的过程中坚持“用数据说话”，形成基于用户需求和用户行为数据分析的改版规划建议，能够确保网站改版方案的科学性和合理性。

四　第三步：栏目体系梳理

通过前面两个步骤的分析，初步掌握了政府网站服务供给和用户需求两端的基本情况。第三步就是要对政府网站的供需两端进行对接，从而帮助政府网站管理者在新版政府网站中更好地平衡供给关系。举例来说：对有的服务用户很关心，网站没有类似服务，而这项服务又属于政府的业务职责范围，那么就应当根据用户需求新增服务内容；有的栏目虽然政府网站很重视，花了很大力气在维护，但用户需求很少，那么这样的栏目就应当裁撤或降低更新力度，减少成本投入。

以上是两类服务供给量与需求量之间不匹配的情况，还有的情况则是用户的需求分类维度与政府网站内容供给的分类维度之间出现了不匹配。例如，笔者曾在某农业类网站发现，用户的站内搜索关键词95%以上为农业生产相关服务对象词，高度集中于150个左右的农业生产服务对象，并可以划分为粮油产品、果蔬产品、畜禽产品、花草树木、农业相关（如种子、化肥等）等五大类。这说明，该网站用户需求的分类是以农业生产对象为主的。我们可以设想，对一个农民而言，其需求往往集中于某一类当前其所种植、养殖的农产品对象，并希望获取相应农作物的市场动态、价格信息、政策导向、科技指导等各方面信息，因此是“以产品为分类、包含多类业务内容”的需求特征。而进一步分析该农业信息网的栏目组织则可以发现，该网站的栏目内容组织则主要以农业政务管理的职能边界为依据，将网站划分为新闻动态、市场价格、农业科技、农品推荐等若干频道，因此是“以业务为分类，包含多种产品信息”的供给特征。在这种情况下，每一个主题频道之下会包含多个农业生产服务对象信息；同时每一个农业生产服务对象的内容也会散布在多个频道之下。在这样的信息组织模式下，用户在查找某一类产品信息时，需要分别访问不同栏目，找到所需信息后再进行汇总，国外学者将这种网站用户访问行为称为“弹簧高跷”[①] 式行为，会导致一种较差的用户体验。针对上述问题，网站在改版规划设计时，就应当根据用户的需求规律，对上述因业务职能设置差异性而出现分散的服务进行整合，形成新的服务；并通过后台标签系统等技术，设计更加灵活的后台数据结构，方便新版网站根据用户需求在不同栏目之中动态聚合形成主题服务频道。以上述农业网站改版为例，在不改变网站内容组织大格局的前提下，可以设置“农情速递”（或“农业服务通道”等）专栏专区，对农业信息网的全站信息在按照业务进行分类的同时，按照粮油产品、果蔬产品、畜禽产品和农业相关等农业生产对象进行标签式分类。如此一来，可以以农作物标签名称为“线”将与该农作物相关的种植技术、市场买卖、行情分析、农业政策等“点”串联起来，建立农作物频道，从而充分满足用户的信息和服务需求。

---

① 〔美〕霍克曼等著《网站设计解构：有效的交互设计框架和模式》，向怡宁译，人民邮电出版社，2010。

要想全面系统地梳理政府网站服务供给和需求之间的对接情况，有五个基本维度是需要网站改版规划设计者加以详细考虑的：一是网站栏目的用户关注度，即通过网站用户需求分析，对每一个栏目的用户需求强度进行综合判定；二是栏目设置情况，即网站是否开通了相关栏目，栏目所处的层级、所属上下级关系等等；三是栏目内容的丰富度，包括栏目内容来源、更新频率、服务覆盖面、内容原创性等方面；四是首页区块摆放情况，这主要是便于下一步结合栏目分析情况调整首页不同栏目的区块摆放，使之更加合理，更加符合用户的需求规律；五是栏目与政府核心业务的相关度，有些情况下，某个栏目虽然用户不关心、更新也不够频繁，但属于政府的中心工作或核心职能，那么出于政府网站服务职能的考虑，也应当在改版时予以保留。

基于以上五个方面的基本考虑，笔者提出了对接政府网站栏目供给和需求的网站栏目体系优化“决策树”，分别从上述五个层面，提出不同情况下网站栏目的调整方式。如图 10－2 所示。

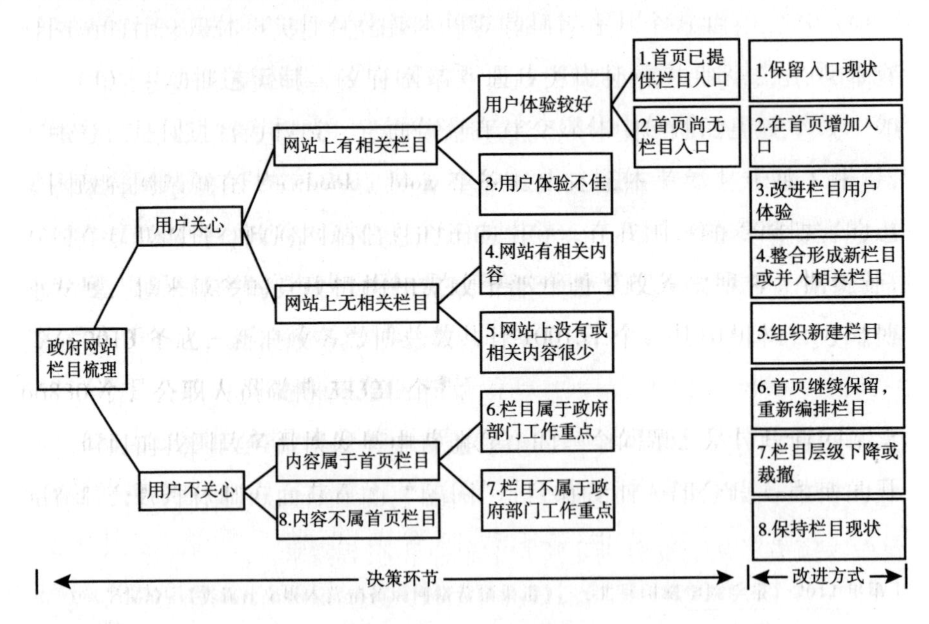

图 10－2　政府网站栏目体系优化“决策树”

在图10－2中，笔者将政府网站栏目的调整归纳为八种常见情况。从以往经验看，这些情况并不能穷尽所有处理方式，但基本能够覆盖95%以上的栏目调整需求。出于简化工作量的考虑，建议政府网站在改版规划时，首先考虑上述方式。

①保留栏目入口现状：主要针对用户关心、网站上有相关栏目、用户体验较好且首页已提供相关栏目入口的情况。

②在首页增加入口：主要针对用户关心、网站上有相关栏目、栏目用户访问体验较好，但首页尚未提供相关栏目入口的情况。

③改进网站栏目用户体验：主要针对用户比较关心、网站上有相关栏目，但栏目用户访问体验不佳的情况。

④整合形成新栏目或并入相关栏目：主要针对用户比较关心、网站上没有相关栏目，但栏目内容分散在不同栏目之下的情况。

⑤组织新建栏目：主要针对用户比较关心、网站上无相关栏目，且网站上没有或极少提供相关内容的情况。

⑥首页链接保留并重新编排栏目：主要针对网站栏目用户不关心、栏目在首页提供了入口，但该栏目属于政府部门的核心业务或工作重点的情况。

⑦降为二级栏目或裁撤：主要针对栏目用户不关心、栏目在首页提供了入口，且不属于政府部门工作重点或核心业务的情况。

⑧保持现状、不作为重点栏目进行建设：主要针对栏目用户不关心、栏目未在首页提供入口，且不属于政府部门工作重点的情况。

五　第四步：界面视觉设计

网站服务界面是最终呈现在各类用户面前的新版政府网站的形象。服务界面是否能够体现用户需求和用户行为特征，是否能够传递出政府网站管理者想传递出的品牌形象和视觉影响力，对于政府网站改版的成功与否具有至关重要的影响力。政府网站的界面视觉设计包括以下几个方面的基本工作。

一是基于网站栏目梳理的分析结果，确定出一个兼顾供给规律和用户需求的界面区块摆放方案，作为政府网站首页和重要页面的设计“底稿”。这一部分分析中，一个十分重要的辅助决策工具就是用户点击行为“热力图”，通过热力图分析，发现当前网站的首页、重要二三级页面和其他子站上用户点击的热点，并分析不同页面区块点击热度分布差异性的原因之所在。通过这些分析，再结合栏目的更新频率、核心业务相关度等指标，综合权衡并确定一个网站页面区块摆放的最佳方案。具体分析方法，可参见第五章相关论述，此处不再赘述。

二是基于网站用户画像分析形成的网站用户角色定位研究。用户画像又称为用户角色定位（Persona），是近年来在互联网设计领域普遍流行的一种分析方法。即通过对网站用户行为和用户需求的判断，对用户的基本人口社会学属性、服务偏好、行为特征、生活情境、使用场景、用户心智等信息进行统计描述与推断，从而为网站设计人员勾勒出一个或数个典型的用户形象，作为实际用户的虚拟代表，为网站设计人员设计网站品牌形象和服务界面风格提供依据，形成网站用户画像和品牌化设计分析报告，推进网站品牌视觉标识（VI）的深度分析。

三是对国内外同类型政府网站设计风格、交互功能设计等的调研分析。结合政府网站所属的行业以及同类型网站的设计风格的横向评估，归纳出同类设计的演进趋势，定位出能够体现网站行业基本特征，以及能够确保网站设计在同类网站中“独树一帜”的优势设计方向。例如，通过对某一行业中欧美发达国家的政府网站和国内同类型政府网站的分析，可以发现目前全球该行业政府网站在配色风格、交互功能、界面布局方面的最新趋势，定位出目前国内该行业政府网站的普遍风格，并找到国内外政府网站的设计风格差异之所在。通过上述分析，确定本网站在设计时应当重点突出或遵循的设计准则，从而确保网站的设计效果和交互效果既能体现本行业的鲜明特色，又给人一种接轨国际、高端大气的视觉体验。

六　第五步：技术功能设计

网站技术功能是确保网站的服务内容和服务界面充分发挥预期效果的重要保障。当前，互联网技术发展日新月异，政府网站改版规划设计的技术功能应当紧跟互联网发展潮流，大胆借鉴和引入商业领域的成功做法。具体来说，结合目前的互联网发展水平，政府网站在改版上线时应当遵循以下基本技术要求。

①在站内搜索技术功能提升方面，应当满足以下技术需求：支持站内搜索热点词主动推送功能，支持用户搜索相关词自动推荐功能，支持站内搜索词错别字自动识别功能，支持搜索结果分级分类显示功能，支持搜索结果多种属性综合排序功能，等等。站内搜索应实现对政府网站群后台信息内容的100%覆盖，应确保网站为用户提供较高的搜索查全率和查准率。

②在全站导航体系建设方面，应当满足以下技术需求：形成由全局导航、局部导航、辅助导航、关联导航、网站地图等构成的综合导航体系；应基于后台关键词和页面标签匹配技术，实现全站栏目内容相似度自动识别功能，实现全站具体内容页面相关链接自动推送功能，确保政府网站上线后全站导航系统的有效度保持在较高水平；提供面向残障人士的无障碍导航服务功能；等等。

③确保网站信息资源面向主流搜索引擎的可见性水平。至少应满足以下技术要求：网站全站页面目录层次不得超过5层，不得使用frame or iframe来制作页面，尽量避免使用动态路径，重要页面的链接不能使用JavaScript，URL中需包含栏目名称拼音或英文简写，每个页面都必须有独立的、唯一的面包屑路径；网站必须形成标准的sitemap. xml文件并每天更新，必须有标准的robots. txt文件并给出sitemap地址，网站首页必须有网站地图链接，并列举出网站重要频道和栏目地址；应当建立针对网站信息搜索引擎可见性的常态化监测分析机制，定期针对网站

可见性技术问题进行技术改进，等等。

④在社交媒体推送方面，应当基于自主安全可控技术机制，在网站开通 RSS 订阅、短信订阅、邮件订阅功能，提供分享到微博、微信等主流社交媒体的技术功能，有效提高网站信息在互联网各类信息传播渠道中的传播效率。

⑤在移动终端显示效果提升方面，应当实现网站面向不同终端设备的自适应前台界面，提高网站服务界面在移动用户群体中的使用体验水平；应提高网站全站页面在移动终端浏览器中的显示兼容性，确保在苹果、安卓、WP 等移动操作系统浏览器中不出现技术功能不可用、页面区块无法显示等问题。

当然，以上技术需求只是笔者结合目前国内外政府网站技术发展水平总结归纳的五类基本需求，在政府网站改版升级的过程中，应当结合本行业、本地区政府网站发展的实际情况，灵活选择不同的技术目标和实现路径，从而确保网站改版能够达到预期效果。

七　案例解析：中国政府网改版规划与设计[①]

中华人民共和国中央人民政府门户网站（简称“中国政府网”，网址：www. gov. cn）由国务院办公厅负责牵头建设，是国务院和国务院各部门，以及各省、自治区、直辖市人民政府在国际互联网上发布政府信息和提供在线服务的综合平台。自 2006 年上线正式运行至今，中国政府网在国务院领导的高度重视以及各部门和地方的大力支持下，服务内容不断丰富完善，并先后开通了微博、微信等全新互动服务平台。但在互联网日新月异的发展潮流面前，网站在全面了解公众需求、及时响

① 2014 年 1 月，国家信息中心网络政府研究中心接受国家有关主管部门委托，承担了中国政府网改版的相关研究和设计工作，并组成了课题组，课题组组长：于施洋；副组长：张勇进；主要成员：王建冬、童楠楠、李雨濛、黄佳嘉、杨道玲、王璟璇，本文是课题组部分工作成果，仅代表课题组观点。

应群众关切、有效传播政府信息、主动引导网络舆论等方面面临着全新挑战。为更好适应互联网技术发展潮流和信息传播方式深刻变革，进一步发挥中国政府网依法公开政府信息、回应公众关切、正确引导舆情和改进政府服务的作用，自2012年起，中国政府网开始正式筹备改版工作。

为科学、稳妥地推进中国政府网改版工作，在国务院办公厅政府信息公开办的统一领导下，笔者作为主要负责人参与中国政府网的发展规划与设计工作，使得基于大数据的理念和技术在这次改版中得以实现。

1. 确定改版的基本原则和方向

基于中国政府网的功能定位，即政府权威信息的发布平台、回应社会关切的互动平台、网上公共服务的整合平台，本次改版工作在以下原则的指导下完成。

一是借鉴发达国家设计理念和方法。充分借鉴欧美电子政务发达国家政府网站服务界面设计领域最新研究成果，以及国外政府网站栏目体系设计规则，在中国政府网交互功能、界面风格等方面体现国际前沿成果，体现与国际接轨的设计原则。

二是从用户需求视角重构服务体系。充分挖掘中国政府网、省级政府门户以及全网各类用户的服务需求，在全面梳理中国政府网现有服务栏目的基础上，结合网站用户实际需求，对网站栏目体系进行整合与优化。

三是探索大数据指导改版的新模式。坚持用数据说话的决策模式，通过开展面向中国政府网和互联网全网用户的大数据挖掘，形成面向网站首页、栏目和具体页面改版优化的针对性建议，确保网站改版方案科学有效。

四是注重对网络生态圈的主动引导。充分发挥中国政府网首发、原创、权威信息多的优势，通过同步开展针对搜索引擎、社交媒体等信息传播渠道的优化，提高中国政府网信息资源的互联网传播效率和对社会关切热点的主动回应能力。

2. 做好基础性研究和保障工作

此次中国政府网站改版，立足于更好地满足社会公众对政府工作知情、参与和监督的需求，运用国家信息中心网络政府研究中心具有自主知识产权、安全可控的大数据技术，重点在借鉴国际先进经验和全面了解用户需求方面进行大胆创新。重点开展以下几项工作。

一是对近年发达国家政府门户网站的改版情况进行研究。课题组重点分析了美国、加拿大、韩国等 16 个电子政务发达国家近年来网站改版的做法，借鉴这些国家政府网站在发展理念、服务体系、页面色调、新技术应用等方面的经验。通过调研发现，欧美发达国家近年来政府网站发展趋势具有很多共同特点。在界面风格上，欧美国家政府网站普遍朝向简约的方向发展，网站首页屏数一般在 2 屏左右，页面色调以蓝白灰等冷色调为主，普遍通过大图片的方式突出网站服务定位和视觉效果。在服务定位上，高度重视对政府机构介绍、领导人形象宣传、服务信息、政策文件、开放数据等内容的推送，重视对各种社会热点问题的主动回复。在技术功能上，高度重视站内智能搜索、搜索引擎可见性优化、移动终端自适应和社交媒体推送等新技术的应用。

二是全面分析网民对中国政府网信息服务的需求。课题组采集了互联网相关渠道上网民关于中国政府网服务需求的海量相关信息，包括新浪微博约 60 万条相关微博信息、百度搜索引擎提供的 3863 项百度指数数据和新浪、搜狐、新华网、人民网等 117 家新闻媒体网站中共 48.6 万篇相关新闻报道。在此基础上，综合运用话题识别、自动分类等自然语言处理技术，将互联网相关渠道用户的服务需求归纳为国务院领导、动态要闻、中国概况、政策文件、公共服务、民生热点、政府数据等几大类，为后续改版规划提供了坚实的数据基础。

三是基于大数据技术深入研究网民访问中国政府网的规律和体验。通过在中国政府网全面部署“中国政务网站智能分析系统”，采集了两个月左右中国政府网用户访问行为的基础数据，对用户来源、点击流数据、技术环境、页面地址、表单提交、鼠标点击等用户行为数据进行了全面分析。同时，基于“中国政务网站智能分析云中心”采集的上千家全国政府网站的用户访问基础数据，进一步引入页面点击热力图、访问路径扩散图和热点探测等智能分析工具，对网民访问政府网站的一般行为规律进行了归纳总结。通过上述分析，重点梳理了网民关注热点，找到了中国政府网旧版网站存在的设计缺陷和技术短板，明确了改版方向。

四是开展网站栏目体系和重要页面的设计工作。在全面了解网民访问需求和行为规律的基础上，充分借鉴发达国家政府网站的成功经验，对中国政府网栏目体系进行了重新梳理，设计了国务院、新闻、专题、政策、服务、问政、数据和国情等八个一级频道。按照突出国际化、人情味、中国风和创新性的设计原则，完成了中国政府网首页和重要栏目页的视觉设计和交互功能设计。

五是探索大数据支撑网站服务运维的长效机制。为充分发挥中国政府网回应社会关切、引导网络舆情的战略作用，新版中国政府网在运维过程中全面引入了大数据分析技术，借助对互联网信息传播渠道和网站用户访问行为的常态监测，帮助网站管理部门及时了解当前社会热点事件和群众关切的焦点话题，组织相关部门通过在线访谈、信息报送、专题约稿等多种方式进行回应，并通过搜索引擎可见性优化、社交媒体分享等各种技术手段在互联网上广泛传播。如在 2014 年“两会”期间，国家信息中心网络政府研究中心的“大数据看两会”研究课题组，采集了新浪微博近一年来约 700 万条相关信息，百度指数近半年的 2000 项相关数据，凤凰网、新浪网等 117 家网站 52. 5 万篇新闻报道，以及全国 1025 家政府网站近半年来的 2162 万个搜索关键词，对全网用户对政府工作简政放权、转方式调结构和宏观调控等重大问题的关注热点进行了数据分析，并在中国政府网上以专题聚焦的形式进行发布，取得了良好效果。

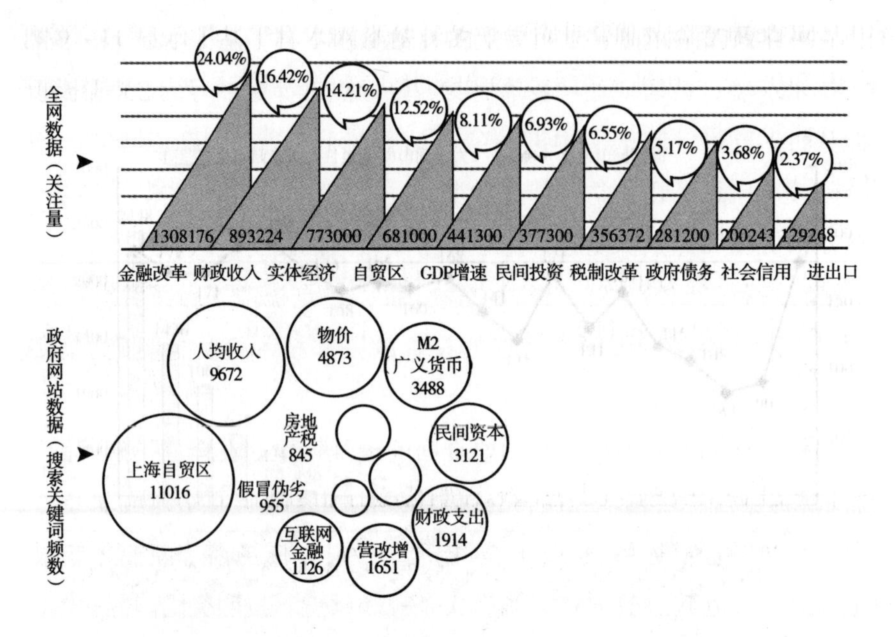

图 10－3　大数据看“两会”之宏观调控

注：数据采集自新浪微博近一年的约 700 万条相关信息、百度指数近半年的 2000 项相关数据，凤凰网、腾讯、网易、新浪、搜狐、新华网、人民网等 117 家网站近一年共 52.5 万篇新闻报道，全国 1025 家政府网站近半年的 2162 万个搜索关键词。

资料来源：本图由国家信息中心网络政府研究中心分析提供，见 http://www.gov.cn/zhuanti/kgtk2014.htm。

3. 中国政府网改版的主要创新点

本次中国政府网改版的特色可以概括为以下三个方面。

一是体现“亲和力”。本次中国政府网改版在规划设计的全过程中，将提升网站服务内容对社会公众的亲和力作为重要原则。本次改版着重从用户满意出发，对原有 24 个一级栏目的用户访问规律进行了深入分析，依据用户关注度和需求分类等进行重新编排，将整个栏目体系整合为 8 个一级栏目。通过这样的调整，用户查找信息和服务的便捷度明显提升，有利于把中国政府网打造成更具亲和力、更有特色的网站。同时，在服务内容上更加突出回应社会关切，新版网站增设了问政栏目，首次开通了回应关切、我向总理说句话等互动服务，从网站开通一周后的情况看，网民对这两个栏目反应热烈。

二是彰显“国际范”。网站的界面设计突出国际化、人性化。在页面结构设计上，为便于用户快速、准确地查找到信息，借鉴了国际通行做法，页面篇幅从三屏半缩减到两屏以内，同时在首屏增加滑动标签页功能，使得首页实际展示的内容远远超出原来的三屏，用户最多点击三次鼠标就可找到所需内容。在页面视觉设计上力求简洁、突出重点，网站配色以蓝白灰色调为主，在首页第一屏以大图片轮播方式重点展示热点新闻，使得网站既庄重、大气，又能够给用户鲜明的视觉体验，有助于彰显大国气质和亲民形象。

三是突出“智慧化”。通过大量运用互联网技术创新成果，大大提升新版中国政府网服务的主动化、智能化水平。在及时了解网民需求方面，通过采用大数据分析技术，形成互联网用户关切热点的自动识别和主动报送机制，有力支撑回应关切、热点、关注等栏目的内容保障。在扩大信息传播渠道方面，网站在开通微博、微信的基础上，进一步针对主流搜索引擎进行技术优化，有力提升网站信息的互联网影响力；为政务信息分享专门开发了安全、可控的社交媒体分享软件，方便网民快速传播政府网站信息，提高网民参与关注政府信息的积极性。在方便用户查询信息方面，采用先进的查询技术，大大提高用户查找中国政府网信息的准确度和易用性。在适应用户接入终端多样化方面，新版网站逐步采用多终端界面智能自适应技术，显著提高了手机、平板电脑等不同类型终端用户的可用性。

中国政府网不但是中央政府在互联网上与社会公众互动交流的窗口，还应当承担起指导全国政府网站建设与发展的战略任务，是全国政府网站发展的引领者。从某种意义上说，此次中国政府网的全新改版升级，吹响了我国政府网上公共服务转型升级的“冲锋号”，我国政府网站已经处于一个全新的发展阶段，就是要从过去的“内容为王”进入“服务为王”的时代，群众满意度和互联网影响力成为未来政府网站服务改进与提升的主要方向。

图 10－4 新版中国政府网界面设计

从我国政府网站的长远发展看，应当进一步理顺全国政府网站管理体制机制，研究制定推进政府网站转型升级的中长期发展规划，通过开展行业培训、完善绩效评估机制、制定标准规范等多种手段，推动全国政府网站向智慧化、人性化的方向发展。应当在各级政府主管部门、网

图 10 - 5 政府网站社交媒体分享平台界面

站运维机构、互联网企业、研究机构各方之间建立有效沟通协调机制，形成促进政府网上正面、权威信息在互联网上有效传播的合力，共同提升政府网站在发布权威信息、提供为民服务和引导社会舆论方面的战略作用。政府网站研究机构和建站技术公司应当充分认识到未来政府网站的技术发展潮流，主动承担起智慧政务门户的技术创新和产品创新的职责，加大产品转型升级力度，从而更好地满足大数据、云计算时代政府网站智慧化提升的技术需求。

后 记

20 世纪 80 年代以来，西方国家以改善政民关系为重点的政府公共行政改革浪潮风起云涌。社会公众在政府行政行为中的角色不再是管理的客体，而被视为公共服务的用户，“以政府为中心”的传统理念逐渐让位于“以用户为中心”，提供服务成为现代社会公共行政的根本使命。在当前互联网应用不断深化的大背景下，技术创新为政府改革提供了新的手段，世界各国都积极通过政府网站为公众提供各类公共服务，并且把提高政府网上服务用户满意率作为首要目标。我国也高度重视政府网站发展，政府网站已经成为各级政府部门发布权威信息、服务社会公众、沟通社情民意、回应社会关切、引导社会舆论的重要平台和窗口，是政府部门提高行政效能和网络公信力的主要手段。

早在 2002 年发布的《国家信息化领导小组关于我国电子政务建设指导意见》（中办发〔2002〕17 号）中，就把推进公共服务作为电子政务建设主要任务之一，明确提出要“推动各级政府开展对企业和公众的服务，逐步增加服务内容、扩大服务范围、提高服务质量”。在各级政府的大力推动下，过去十几年间，我国各级政府网站实现了从无到有、从小到大的跨越式发展。但与国外相比，政府网站在服务覆盖面和社会公众满意度等方面的相对差距却越拉越大。尽管我国各级政府网站早已提出以用户需求为中心、以用户满意为导向的服务理念，但在理念落实过程中，既缺乏系统完善的理论体系作为依据，也缺乏行之有效的方法论指导具体工作的推进。这其中有一个重要难点就是很难全面、准确、及时地掌握网民对公共服务的需求。

针对这一问题，由笔者所带领的国家信息中心研究团队自2011年初起与成都市经济信息中心和国双公司三方共同合作，以成都市政府门户网站为“试验田”，通过加载网站用户行为精准量化分析系统，在广泛借鉴商业网站和发达国家政府网站成功经验的基础上，探索通过精准分析用户行为和需求规律来指导政府网站服务优化的全新方法体系。在实践探索取得初步经验和知识积累的基础上，我们的研究得到了国家信息中心领导的高度重视，特别是国家信息中心常务副主任杜平同志和副主任沈大风同志大力支持我们的工作，在两位领导的精心组织和领导下，国家信息中心决定于2012年3月正式成立国家信息中心网络政府研究中心（以下简称“网研中心”），由我具体负责网研中心的日常运行和管理，本书的另外一位作者王建冬博士担任咨询部主任，主要负责数据咨询业务。网研中心一直致力于打造国内首屈一指的国家互联网治理智库，基于国家电子政务外网平台组建了国内首个政府互联网大数据中心，面向各级政府网站推出了政务网站智能分析系列云应用，为各级政府提供互联网数据分析、公共政策互联网评价、网站规划等咨询服务。目前，网研中心所服务的政府网站家数已接近3000家，覆盖了接近30%的省部级政府门户网站。

在这两年多的时间里，我和王建冬博士基于大量实践案例总结出了一套基于大数据分析精准感知用户需求、指导网站服务改进的全新方法体系，在业界引起了热烈反响，受到各级政府网站管理部门的广泛关注。此间，我们参与了中国政府网、国家发改委门户、农业部门户、首都之窗等数十家有代表性的政府门户网站的改版规划和数据分析工作。我们提出的一些网站发展理念，比如互联网影响力提升、政府网站可见性优化、精准感知用户需求等，已经成为业界耳熟能详的话语。在各级政府高度重视以用户为中心的服务模式这一大背景下，我们所提出的这套方法体系较好地贴近了时代潮流，与全球政府公共服务发展趋势和国家层面的互联网治理思路不谋而合。

在研究和咨询过程中，我们的理论体系和方法体系不断完善，并积累了大量实践案例和一手素材。同时，在面向各级政府网站开展咨询服务的过程中，我们也深深感觉到，尽管各级政府网站管理部门对这套理念和分析方法十分欢迎，但由于长期以来国内缺乏一部系统、全面介绍基于大数据开展政府网站分析与优化的专业书籍，业界在这一问题上缺乏共同的话语体系和技术标准，这在很大程度上妨碍了以用户为中心的政府网站建站理念的真正普及推广，很多单位提出希望编写一部手册式的专著，帮助政府网站工作者系统了解基于大数据的政府网站发展理念和技术手段。

正是基于这一现实需求，我和王建冬博士合作撰写了这部专著。作为国内首部专注于政府网站数据分析与优化领域的研究著作，在该领域尽我们所能的做一些基础性的工作。由于能力所限，加之我们在政府网站研究领域积累时间还不长，书中提出的各种观点和方法必然还存在各种不足。希望业界同行在阅读本书时，不吝提出商榷意见和建议，如能借此促进国内政府改革工作者、互联网推动者和政府网站工作者的碰撞与共识，那将是本书出版的最大意义所在。最后，感谢社会科学文献出版社邓泳红女士、桂芳女士的无私帮助，感谢网研中心所有朝气蓬勃的青年同事们两年多以来的共同努力！

于施洋

2014 年 8 月于北京

政府网站数据分析常用术语指标

网站访问人次

访问网站的用户人数，也叫作访问量。从访问者打开一个网站的页面开始，不管点击多少页面，直到离开（或中间停止操作一定时间）这个网站为止，计算为一个访问人次。

网站访问人数

访问人数指访问目标网站的用户人数，也叫访问者人数，是以访问网站的电脑客户端为一个访客计算的。

网站目录层级

是指建立网站的时候所创建的文件目录及所包含的文件所表现出来的层级结构，如一级目录、二级目录等，指标涉及各层级的各项基础指标的统计与排序。政府网站目录层级和网站栏目的差异性在于：网站目录层级是技术层面的分类，而网站栏目则是业务层面的分类，两者之间存在大致的对应关系，但往往也会出现一个目录层级对应多个栏目，或一个栏目包含多个目录层级的情况。

网站新/老用户

新用户就是首次访问网站或者首次使用网站服务的用户；而老用户

则是之前访问过网站或者使用过网站服务的用户。

网站用户点击热力图

是指对网站重要页面进行统计的、以特殊亮度的形式显示访客访问频率的页面区域的图示。通过对用户点击行为的统计绘制图形，点击越多的地方颜色越亮。

网站用户访问路径

指用户在访问网站过程中，在网站不同页面之间跳转的记录。对网站用户访问路径进行分析时，较为重要的分析节点包括用户进入网站的着陆页、第二页、退出页等。

网站用户访问深度

一般来说，指的是一个会话的综合浏览量（页面查看量）。对于一个网站来说，其网站用户访问深度指所有用户访问深度的平均水平。

网站用户访问时间/平均停留时间

是指在一定统计时间内，浏览网站的一个页面或整个网站时用户所逗留的总时间与该页面或整个网站的访问次数之比。其计算公式为：总的逗留时间/总的访问次数 = 平均停留时间。平均访问时间也叫作平均访问时间。

网站用户回访间隔

指用户在访问完某一个网站后，对该网站进行再次会话访问的平均时间间隔长度。访问深度、访问时长和回访间隔都是表征网站用户访问黏度的基础指标。

网站用户来源类型

指浏览网站网页的用户访问网站的来源渠道。根据政府网站用户来源渠道的差异性，可以将政府网站用户的来源类型区分为三类，即搜索来源用户、导航来源用户及直接来源用户。

网站用户来源渠道

指来到政府网站用户的来源站点及来源方式。

网站用户跳出率

指用户通过某种渠道来到网站，只浏览了一个页面就离开与全部浏览数量的百分比。跳出率能够从一个侧面说明网站对用户的吸引力，是衡量网站内容质量的重要标准。

网站用户着陆页

是指用户来到目标网站所看到的第一个页面，也被称为首要捕获用户页。随着搜索引擎的不断普及应用，越来越多的用户直接被搜索引擎带到具有相关信息的内容页中，从而使得首页着陆页的比例只占网站全部着陆页的很少一部分。

网站用户退出页

是指在一次网站访问过程中，离开网站时浏览的最后一个网页，表明了此次访问的结束。对于网站来说，用户在某一个页面退出，既可能意味着用户找到了所需的服务而离开网站，也可能说明用户找不到所需的服务（链接），或者用户对本页面的信息不感兴趣而直接关闭浏览器。

网站 Cookie

也被称为 HTTP Cookie、Web Cookie 或者浏览器 Cookie，是一小段

由网站生成并被存储在用户浏览器的数据，它随着用户访问网站而产生。当用户在以后再次浏览相同的网站时，这小段包含用户之前信息的数据将被发送回网站。Cookie 是网站为了识别用户身份等目的而在用户本地终端上存储的数据信息，Cookie 可以帮助用户达到网站人性化快速登录等目的。

网站直接来源用户

指用户通过直接输入网址或点击收藏夹中的网站标签到达网站，这种用户被称为直接来源用户。

网站导航来源用户

指用户通过点击其他网站上的导航链接到达网站，这种用户可称为导航来源用户。

网站搜索引擎来源用户

指通过在搜索引擎中输入关键词、点击搜索结果的链接到达网站，这种用户可称为搜索引擎来源用户。

栏目导航有效度

考察栏目导航体系的效率，以及对整个网站用户访问的带动作用。导航有效度 =（着陆到该栏目的用户总访问页面数 - 着陆到该栏目的用户的着陆页面数）/着陆到该栏目的用户总访问页面数。

栏目更新量

是指网站栏目在一定监测期内的内容更新数量，是影响绩效评估的重要方面。

栏目渠道影响力

指着陆到该栏目的来源渠道个数占整个网站来源渠道个数的比例，

该指标综合考察栏目内容在整个互联网传播渠道中的影响力。栏目渠道影响力 = 着陆到该栏目的来源渠道个数/网站所有来源渠道数。

栏目社交媒体影响力

指着陆到该栏目的用户中，社交媒体来源用户的占比，考察该栏目用户在社交媒体渠道中的影响力。社交媒体影响力 = 着陆到该栏目的社交媒体来源的访问人次/着陆到该栏目的总访问人次。

栏目搜索来源比例

考察各个栏目页面的搜索引擎可见性。搜索来源比例 = 着陆到该栏目的搜索引擎来源的访问人次/着陆到该栏目的总访问人次。

栏目新访页面比

指在分析期内，网站新被访栏目页面数占栏目总被访页面数的比例。用于综合考察栏目在分析期内由页面更新或其他因素导致的栏目访问覆盖面的扩大。

栏目移动终端影响力

指访问该栏目的用户中，使用移动终端的比例，该指标考察该栏目信息对移动终端用户的吸引力。移动终端影响力 = 访问该栏目且使用移动终端的访问人次/访问该栏目的总访问人次。

页面次访率

指页面作为第二访问页面的占比。着陆率代表了外部导航的效果好坏，次访率代表了着陆页引导效果的好坏。次访率用于评估着陆页面中的哪些标题页面容易吸引访客的眼球。

页面加载时长

指页面从开始加载到加载结束所花费的平均时长。

页面刷新率

连续访问同个页面被视为页面刷新，页面刷新的次数占页面浏览量的比率称为刷新率。

页面停留时长

指浏览网站的一个页面或整个网站时用户所逗留的总时间。

页面退出率

指页面作为退出页面的比率。退出率较高说明很多用户在此页面上离开了网站结束访问。

页面着陆率

指页面作为着陆页面的比率，该值越大表示此页面被外界直接访问到的比例越高。

搜索付费来源用户

一般适用于商业网站，指来到网站的用户流量是与搜索引擎等合作的付费推广流量。

搜索关键词

是指通过搜索引擎来到网站的这些用户在搜索时，输入搜索框的文字，可以是任何中文、英文、数字，或中英文数字的混合体。站外搜索关键词即搜索引擎关键词，它直接代表了用户在使用搜索引擎时的需求。搜索关键词也叫站外搜索关键词。

搜索来源页数

指通过搜索引擎来到政府网站的用户是点击了搜索结果的第几页而来到政府网站上。

搜索引擎反向链接数

是指从其他网站导入该网站的链接数量，也就是网络中其他站点对该站点投了支持票。反向链接数量越多，说明该站点具备的价值越高，越受到搜索引擎及用户的重视。

搜索引擎可见性

指网站信息在搜索引擎上被用户发现的可能性。目前，搜索引擎已经成为绝大多数互联网用户查找、获取信息的主渠道，搜索引擎可见性高低，直接决定了网站信息的互联网影响力能否得到充分发挥。

搜索引擎可见性优化

指通过综合运用各种技术手段，提升网站上海量信息被互联网用户通过搜索引擎准确、快捷找到的可能性的一种技术服务项目。

搜索引擎权重

指搜索引擎给网站（包括网页）赋予的一定的权威值。即搜索引擎对网站（含网页）权威性的评估，一个网站权重越高，在搜索引擎所占的分量越大，在搜索引擎中排名就越好。

搜索引擎收录数

是指网站所包含的网页被各类搜索引擎收录到数据库中的数量。收录的数量越多，收录的时间越快，证明此网站对搜索引擎越友好。

站内搜索次数

指站内搜索用户发动的站内搜索次数。

站内搜索发起页

是指用户在网站中发起站内搜索活动所在的页面。

站内搜索关键词

站内搜索用户所使用的关键词，是表征用户服务需求的重要方面。

站内搜索结果点击率

指用户进行站内搜索后，对搜索结果进行点击的比例，即站内搜索结果的转化程度，是反映站内搜索使用效果的重要指标。

图书在版编目（CIP）数据

政府网站分析与优化：大数据创造公共价值/于施洋，王建冬著.
—北京：社会科学文献出版社，2014.11（2015.1 重印）
（信息化与政府管理创新丛书）
ISBN 978-7-5097-6669-9

Ⅰ.①政… Ⅱ.①于… ②王… Ⅲ.①国家行政机关-互联网络-网站-建设-研究 Ⅳ.①TP393.409.2

中国版本图书馆 CIP 数据核字（2014）第 242063 号

·信息化与政府管理创新丛书·
政府网站分析与优化
——大数据创造公共价值

著　　者／于施洋　王建冬

出 版 人／谢寿光
项目统筹／桂　芳
责任编辑／桂　芳

出　　版／社会科学文献出版社·皮书出版分社（010）59367127
地址：北京市北三环中路甲 29 号院华龙大厦　邮编：100029
网址：www.ssap.com.cn
发　　行／市场营销中心（010）59367081　59367090
读者服务中心（010）59367028
印　　装／北京季蜂印刷有限公司

规　　格／开 本：787mm×1092mm　1/16
印 张：15.5　字 数：212 千字
版　　次／2014 年 11 月第 1 版　2015 年 1 月第 2 次印刷
书　　号／ISBN 978-7-5097-6669-9
定　　价／79.00 元